2016—2020
河南排放源
统计年报

河南省生态环境监测中心　编

中国环境出版集团 · 北京

图书在版编目（CIP）数据

2016—2020 河南排放源统计年报/河南省生态环境监测中心编. —北京：中国环境出版集团，2023.4

ISBN 978-7-5111-5496-5

Ⅰ. ①2… Ⅱ. ①河… Ⅲ. ①空气污染－污染源管理－统计资料—河南—2016-2020—年报 Ⅳ. ①X501-54

中国国家版本馆 CIP 数据核字（2023）第 070512 号

出 版 人 武德凯
责任编辑 孟亚莉 王宇洲
封面设计 彭 杉

出版发行 中国环境出版集团
（100062 北京市东城区广渠门内大街 16 号）
网 址：http://www.cesp.com.cn
电子邮箱：bjgl@cesp.com.cn
联系电话：010-67112765（编辑管理部）
发行热线：010-67125803，010-67113405（传真）
印 刷 北京建宏印刷有限公司
经 销 各地新华书店
版 次 2023 年 4 月第 1 版
印 次 2023 年 4 月第 1 次印刷
开 本 787×1092 1/16
印 张 9
字 数 180 千字
定 价 60.00 元

编委会

马红磊	王　冰	李　彬			（濮阳市）
许　洋	张培锋	曹润泽	李刚强		（许昌市）
薛冰林	黄一浦	王　芳	包春燕	杨　冰	（漯河市）
赵颖颖	马松霞	史珊珊	叶三斌		（三门峡市）
王　玉	王红梅	樊信鹏	周林倩	陶　瑜	（南阳市）
王　敏	毕慧敏	刘攀峰	孙庆军	郭志强	（商丘市）
金　龙	柯方炎	楚春秋	张家富	张海震	（信阳市）
黄　涛	王　博	芦亚舒	王少龙	高艳荣	（周口市）
李　森	董　燕	涂好田	冯智慧	郭喜伟	（驻马店市）
蔡娇娇	郝德亮	李科伟			（济源示范区）

主 编 单 位　河南省生态环境监测中心

资料提供单位　各省辖市、济源示范区生态环境局
各派驻生态环境监测中心

各章编写作者

综　述	陈　静　吕　丹
第 1 章　调查对象	吕　丹　陈　静
第 2 章　废水污染物	陈　静　吕　丹
第 3 章　废气污染物	吕　丹　陈　静
第 4 章　工业固体废物和危险废物	陈　静　吕　丹
第 5 章　污染治理设施	吕　丹　陈　静　唐　敏
第 6 章　各地区污染排放及治理统计	陈　静　吕　丹　李　硕
第 7 章　各工业行业污染排放及治理统计	吕　丹　陈　静　王　洋
第 8 章　排放源统计主要指标解释	陈　静　吕　丹　许鹏飞

前言

本年报资料覆盖河南全省 17 个省辖市和济源示范区 2016—2020 年排放源统计数据，主要反映全省污染物排放与治理情况。主要内容包括调查对象基本情况、废水污染物排放情况、废气污染物排放情况、工业固体废物和危险废物产生及处理情况、污染治理设施情况等。

本年报统计范围为有污染物产生或排放的工业污染源（以下简称工业源）、农业污染源（以下简称农业源）、生活污染源（以下简称生活源）、集中式污染治理设施、移动源。

工业源涵盖《国民经济行业分类》（GB/T 4754—2017）中行业代码为 05～46 的 42 个大类行业。农业源 2016—2019 年涵盖畜禽养殖业中的大型畜禽养殖场（生猪设计年出栏量≥5 000 头、奶牛设计年存栏量≥500 头、肉牛设计年出栏量≥1 000 头、蛋鸡设计年存栏量≥15 万羽、肉鸡设计年出栏量≥30 万羽）；2020 年涵盖畜禽养殖业、种植业和水产养殖业。2016—2019 年生活源废水污染统计范围涵盖《国民经济行业分类》（GB/T 4754—2017）中的第三产业以及城镇居民生活源（以下简称城镇生活源），废气污染排放涵盖城镇生活源、农村生活源。2020 年废水污染统计范围涵盖城镇生活源和农村生活源，废气污染统计范围涵盖城镇生活源和农村生活源、第一产业中的 05 大类行业和工业源废气非重点调查单位。集中式污染治理设施统计范围涵盖集中式污水处理单位、生活垃圾集中处理处置单位、危险废物集中利用处置（处理）单位。移动源统计范围涵盖机动车。

本年报中所有分项加和与占比数据由于单位取舍不同、计算过程显示值与实际值不同或修约而产生的计算误差，均未做机械调整；实际值偏小，而无法修约为一位小数值的数据，保留最低位有效数字。

感谢全省各级生态环境行政机构和技术支持单位，感谢环境统计人员多年来对生态环境统计工作和本年报的大力支持及无私贡献。

目录

综　述

"十三五"期间，河南省深入学习贯彻习近平生态文明思想，以及习近平总书记视察河南、在黄河流域生态保护和高质量发展座谈会上的重要讲话精神，全面贯彻落实党中央、国务院和省委、省政府关于生态环境保护的决策部署和工作要求，全力推进蓝天、碧水、乡村清洁等重大环境治理工程，持续加大生态环境保护力度，主要污染物排放总量大幅下降，生态环境质量明显提升。排放源统计为精准治污、科学治污、依法治污，推动高质量发展，建设美丽中国提供坚实可靠的基础数据支撑。

2016—2020 年，河南全省废水中化学需氧量排放量（不含农业源①和农村生活源②，下同）先降后升，由 2016 年的 28.7 万吨（若含农业源则为 31.4 万吨）上升为 2020 年的 30.7 万吨（若含农业源和农村生活源则为 144.6 万吨），上升 7.1%。其中，工业源化学需氧量排放量逐年下降，2020 年为 1.6 万吨；城镇生活源化学需氧量排放量波动上升，2020 年为 29.1 万吨；集中式污染治理设施化学需氧量排放量先降后升，2020 年为 0.03 万吨。

2016—2020 年，全省废水中氨氮排放量（不含农业源和农村生活源）先降后升，由 2016 年的 2.7 万吨（若含农业源则为 2.7 万吨）上升为 2020 年的 2.8 万吨（若含农业源和农村生活源则为 4.6 万吨），上升 3.4%。其中，工业源氨氮排放量逐年下降，2020 年为 0.08 万吨；城镇生活源、集中式污染治理设施氨氮排放量均先降后升，2020 年分别为 2.7 万吨、0.005 万吨。

2016—2020 年，全省废气中二氧化硫排放量逐年下降，由 2016 年的 38.6 万吨下降为 2020 年的 6.7 万吨，下降 82.7%。其中，工业源二氧化硫排放量逐年下降，2020 年为 5.7 万吨；生活源、集中式污染治理设施二氧化硫排放量均先降后升，2020 年分别为 1.0 万吨、0.02 万吨。

---

① 农业源数据：2016—2019 年为市级大型畜禽养殖场统计调查数据，2020 年为省级种植业、畜禽养殖业和水产养殖业统计数据，2020 年数据与 2016—2019 年数据统计口径不同，不具有可比性。本书涉及废水中污染物数据趋势比较时均不含农业源数据。

② 生活源数据：2016—2019 年为城镇生活源统计调查数据，2020 年为城镇与农村生活源统计调查数据。本书涉及生活源废水中污染物数据趋势比较时仅采用城镇生活源数据进行同口径比较。

2016—2020 年，全省废气中氮氧化物排放量逐年下降，由 2016 年的 82.1 万吨下降为 2020 年的 54.5 万吨，下降 33.6%。其中，工业源、生活源氮氧化物排放量均逐年下降，2020 年分别为 10.3 万吨、0.6 万吨；集中式污染治理设施氮氧化物排放量先降后升，2020 年为 0.1 万吨；移动源氮氧化物排放量小幅波动，2020 年为 43.4 万吨。

2016—2020 年，全省废气中颗粒物排放量逐年下降，由 2016 年的 38.1 万吨下降为 2020 年的 8.6 万吨，下降 77.5%。其中，工业源、生活源颗粒物排放量均逐年下降，2020 年分别为 6.1 万吨、1.8 万吨；集中式污染治理设施、移动源颗粒物排放量均先降后升，2020 年分别为 0.004 万吨、0.7 万吨。

2016—2020 年，全省一般工业固体废物产生量先升后降，由 2016 年的 1.7 亿吨下降为 2020 年的 1.5 亿吨，下降 11.6%；综合利用量小幅波动，2020 年为 1.1 亿吨；处置量先升后降，由 2016 年的 0.5 亿吨下降为 2020 年的 0.2 亿吨，下降 54.5%。

2016—2020 年，全省工业危险废物产生量、利用处置量均总体上升，分别由 2016 年的 76.0 万吨、73.1 万吨上升为 2020 年的 212.3 万吨、253.3 万吨，分别上升 179.4%、246.6%。

1

调查对象

1.1　调查对象总体情况

工业源调查方式为对重点调查单位逐家调查，农业源调查方式为2016—2019年对大型畜禽养殖场逐家调查、2020年对省级行政单位整体调查，生活源调查方式为对地市级行政单位整体调查，集中式污染治理设施调查方式为对重点调查单位逐家调查，移动源调查方式为2016—2019年对省级行政单位整体调查、2020年对地市级行政单位整体调查。

2020年，工业源和集中式污染治理设施调查对象为7 871家。其中，工业企业7 311家，集中式污染治理设施560家。调查对象数量排名前3位的地区依次为郑州、新乡和许昌，分别为1 195家、852家和546家。2020年各地区调查对象数量分布情况见图1-1。

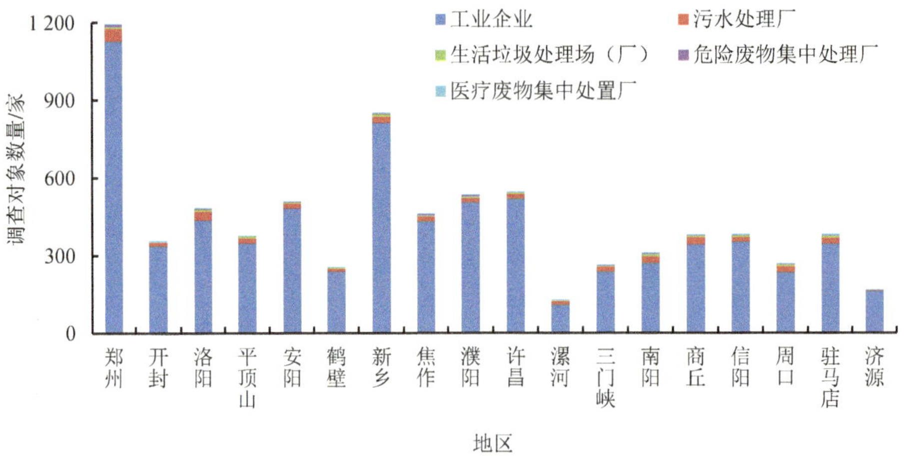

图1-1　2020年各地区调查对象数量分布情况

“十三五”期间，全省调查对象数量、工业企业数量均先降后升，集中式污染治理设施数量逐年上升。与2016年相比，2020年全省调查对象、工业企业、集中式污染治理设施数量分别上升6.8%、5.7%、22.8%。全省及分源调查对象数量情况见表1-1，全省及分源调查对象数量变化情况见图1-2。

表1-1　“十三五”期间全省及分源调查对象数量情况　　单位：家

年份	全省调查对象数量	工业企业数量	集中式污染治理设施数量
2016年	7 373	6 917	456
2017年	6 737	6 258	479
2018年	6 810	6 295	515

年份	全省调查对象数量	工业企业数量	集中式污染治理设施数量
2019 年	7 825	7 300	525
2020 年	7 871	7 311	560
2020 年与 2016 年相比增长率/%	6.8	5.7	22.8

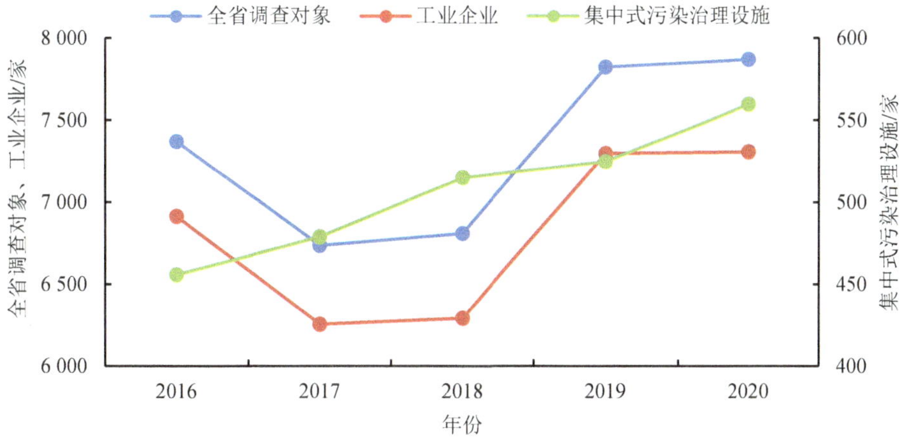

图 1-2　全省及分源调查对象数量变化情况

1.2　工业源调查基本情况

2020 年，全省重点调查了工业企业 7 311 家。其中，有废水及废水污染物排放的企业 2 768 家，有废气及废气污染物排放的企业 6 899 家，有一般工业固体废物产生的企业 4 564 家，有工业危险废物产生的企业 2 718 家。调查工业企业数量排名前 3 位的地区依次为郑州、新乡和许昌，分别为 1 128 家、813 家和 520 家。

1.3　农业源调查基本情况

2020 年，对省级开展了种植业、畜禽养殖业和水产养殖业整体统计调查。

1.4　生活源调查基本情况

2020 年，对全省 17 个省辖市和济源示范区开展了城镇和农村居民生活及《国民经济行业分类》（GB/T 4754—2017）中第三产业整体统计调查。

1.5 集中式污染治理设施调查基本情况

2020 年，全省调查集中式污染治理设施 560 家，其中，污水处理厂 385 家、生活垃圾处理场（厂）115 家、危险废物集中处理厂 33 家、医疗废物集中处理厂 27 家。集中式污染治理设施调查数量排名前 3 位的地区依次为郑州、洛阳和新乡，分别为 67 家、48 家和 39 家。

1.6 移动源调查基本情况

2020 年，对全省 17 个省辖市和济源示范区开展了移动源统计调查。

2

废水污染物

2.1 化学需氧量排放情况

2.1.1 全省及分源排放情况

2020 年，全省废水中化学需氧量排放量 144.6 万吨。“十三五”期间，全省化学需氧量排放量（不含农业源和农村生活源，下同）先降后升；与 2016 年相比，2020 年全省化学需氧量排放量上升 7.1%。

2020 年，工业源、农业源、生活源、集中式污染治理设施废水（含渗滤液）中化学需氧量排放量分别为 1.6 万吨、85.1 万吨、57.9 万吨、0.03 万吨，分别占全省化学需氧量排放量的 1.1%、58.8%、40.0%、0.02%。“十三五”期间，工业源化学需氧量排放量逐年下降，城镇生活源化学需氧量排放量波动上升，集中式污染治理设施化学需氧量排放量先降后升。与 2016 年相比，2020 年工业源、城镇生活源、集中式污染治理设施化学需氧量排放量分别下降 59.2%、上升 18.1%、下降 77.6%。全省及分源化学需氧量排放情况见表 2-1，全省及分源化学需氧量排放变化情况见图 2-1。

表 2-1 “十三五”期间全省及分源化学需氧量排放情况

年份	全省排放量/万吨	工业源		农业源②		生活源③		集中式污染治理设施④	
		排放量/万吨	占比/%	排放量/万吨	占比/%	排放量/万吨	占比/%	排放量/万吨	占比/%
2016 年	31.4	3.9	12.5	2.7	8.6	24.6	78.5	0.1	0.4
2017 年	28.9	2.4	8.3	0.7	2.3	25.7	89.2	0.05	0.2
2018 年	27.0	2.1	7.8	0.5	1.7	24.4	90.5	0.02	0.07
2019 年	25.2	1.8	7.2	0.6	2.5	22.8	90.3	0.01	0.04
2020 年	144.6（30.7①）	1.6	1.1	85.1	58.8	57.9（29.1③）	40.0	0.03	0.02
2020 年与 2016 年相比增长率/%	7.1①	-59.2	—⑤	—	—	18.1③	—	-77.6	—

注：①不含农业源和农村生活源数据，原因参考②和③。

②农业源数据：2016—2019 年为市级大型畜禽养殖场统计调查数据，2020 年为省级种植业、畜禽养殖业和水产养殖业统计数据，2020 年数据与 2016—2019 年数据统计口径不同，不具有可比性。本章涉及废水中污染物数据趋势比较时均不含农业源数据。

③生活源数据：2016—2019 年为城镇生活源统计调查数据，2020 年为城镇与农村生活源统计调查数据，括号内数据为城镇生活源数据，本章涉及生活源废水中污染物数据趋势比较时仅采用城镇生活源数据进行同口径比较。

④集中式污染治理设施废水中污染物排放量指生活垃圾处理场（厂）和危险废物（医疗废物）集中处理厂废水（含渗滤液）中污染物的排放量。

⑤报表中“—”表示无此项指标或不宜计算。

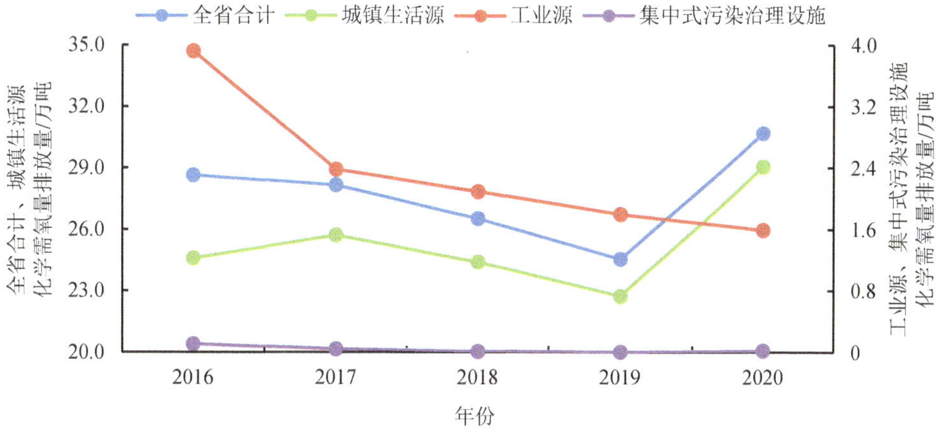

图 2-1 “十三五”期间全省及分源化学需氧量排放变化情况

2.1.2 各地区及分源排放情况

2020 年，化学需氧量排放量（不含农业源）排名前 5 位的地区依次为南阳、周口、开封、信阳和商丘，合计排放量 33.2 万吨，占全省化学需氧量排放量的 55.8%，分别占 17.1%、12.1%、9.6%、9.1%和 7.8%。生活源化学需氧量排放量排名前 3 位的地区依次为南阳、周口和开封。工业源化学需氧量排放量排名前 3 位的地区依次为新乡、焦作和郑州。2020 年各地区及分源化学需氧量排放情况见图 2-2。

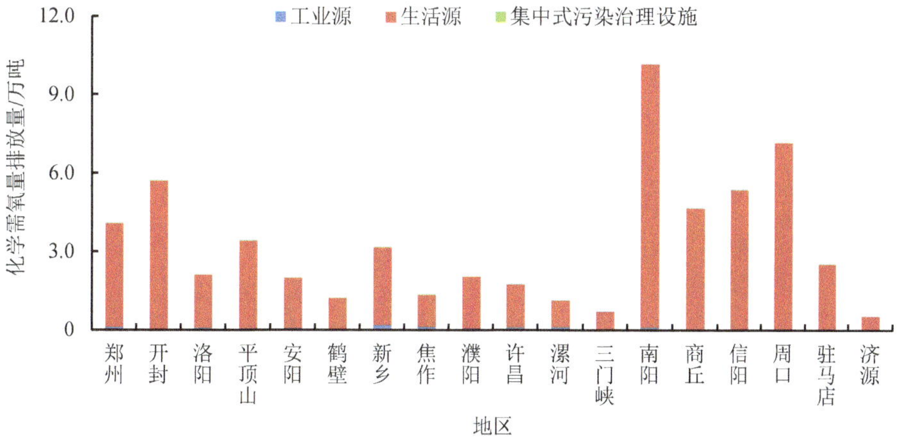

图 2-2 2020 年各地区及分源化学需氧量排放情况

2.1.3 各工业行业排放情况

2020 年，各工业行业中化学需氧量排放量排名前 5 位的行业依次为化学原料和化学制品制造业，造纸和纸制品业，农副食品加工业，酒、饮料和精制茶制造业，电力、热力生产和供应业，合计排放量 0.6 万吨，占全省工业源化学需氧量排放量的 54.1%，分别占 17.5%、12.2%、8.5%、8.4%、7.4%。2020 年各工业行业化学需氧量排放情况见图 2-3。

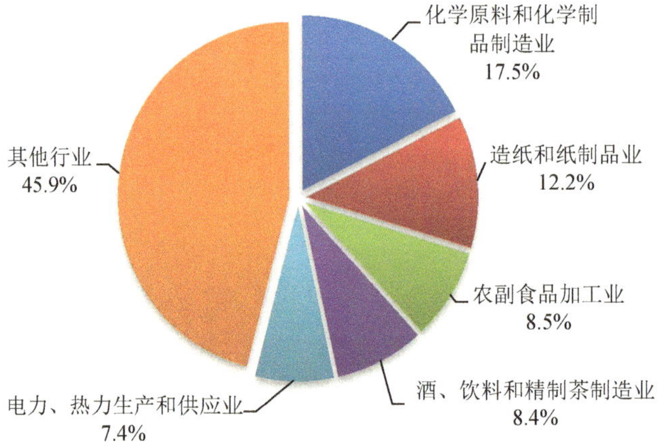

图 2-3　2020 年各工业行业化学需氧量排放情况

2.2 氨氮排放情况

2.2.1 全省及分源排放情况

2020 年，全省废水中氨氮排放量 4.6 万吨。“十三五”期间，全省氨氮排放量（不含农业源和农村生活源，下同）先降后升；与 2016 年相比，2020 年全省氨氮排放量上升 3.4%。

2020 年，工业源、农业源、生活源、集中式污染治理设施废水（含渗滤液）中氨氮排放量分别为 0.08 万吨、1.1 万吨、3.4 万吨、0.005 万吨，分别占全省氨氮排放量的 1.7%、23.8%、74.4%、0.1%。“十三五”期间，工业源氨氮排放量逐年下降，城镇生活源、集中式污染治理设施氨氮排放量均先降后升。与 2016 年相比，2020 年工业源、城镇生活源、集中式污染治理设施氨氮排放量分别下降 48.8%、上升 6.7%、下降 38.6%。全省及分源氨氮排放情况见表 2-2，全省及分源氨氮排放变化情况见图 2-4。

表 2-2　“十三五”期间全省及分源氨氮排放情况

年份	全省排放量/万吨	工业源		农业源②		生活源③		集中式污染治理设施④	
		排放量/万吨	占比/%	排放量/万吨	占比/%	排放量/万吨	占比/%	排放量/万吨	占比/%
2016 年	2.7	0.15	5.7	0.04	1.5	2.5	92.5	0.008	0.3
2017 年	2.5	0.11	4.2	0.02	0.6	2.4	95.0	0.004	0.1
2018 年	2.3	0.10	4.4	0.01	0.5	2.2	95.0	0.001	0.06
2019 年	2.1	0.09	4.6	0.01	0.7	1.9	94.6	0.001	0.04
2020 年	4.6（2.8①）	0.08	1.7	1.1	23.8	3.4（2.7③）	74.4	0.005	0.1
2020 年与 2016 年相比增长率/%	3.4①	-48.8	—⑤	—	—	6.7③	—	-38.6	—

注：①不含农业源和农村生活源数据，原因参考②和③。

②农业源数据：2016—2019 年为市级大型畜禽养殖场统计调查数据，2020 年为省级种植业、畜禽养殖业和水产养殖业统计数据，2020 年数据与 2016—2019 年数据统计口径不同，不具有可比性。本章涉及废水中污染物数据趋势比较时均不含农业源数据。

③生活源数据：2016—2019 年为城镇生活源统计调查数据，2020 年为城镇与农村生活源统计调查数据，括号内数据为城镇生活源数据，本章涉及生活源废水中污染物数据趋势比较时仅采用城镇生活源数据进行同口径比较。

④集中式污染治理设施废水中污染物排放量指生活垃圾处理场（厂）和危险废物（医疗废物）集中处理厂废水（含渗滤液）中污染物的排放量。

⑤报表中“—”表示无此项指标或不宜计算。

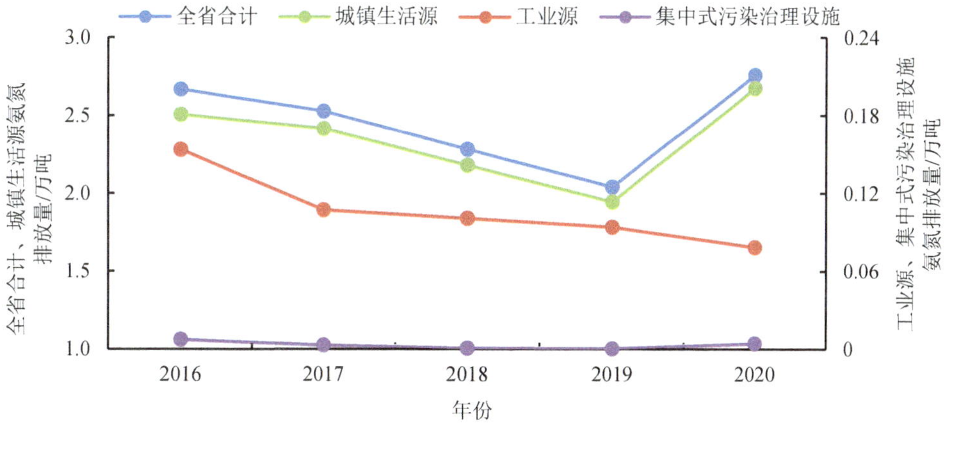

图 2-4　“十三五”期间全省及分源氨氮排放变化情况

2.2.2　各地区及分源排放情况

2020 年，氨氮排放量（不含农业源）排名前 5 位的地区依次为南阳、开封、周口、信阳和平顶山，合计排放量 2.4 万吨，占全省氨氮排放量的 69.0%，分别占 21.9%、13.7%、

13.4%、10.6%和 9.5%。生活源氨氮排放量排名前 3 位的地区依次为南阳、开封和周口。工业源氨氮排放量排名前 3 位的地区依次为焦作、新乡和洛阳。2020 年各地区及分源氨氮排放情况见图 2-5。

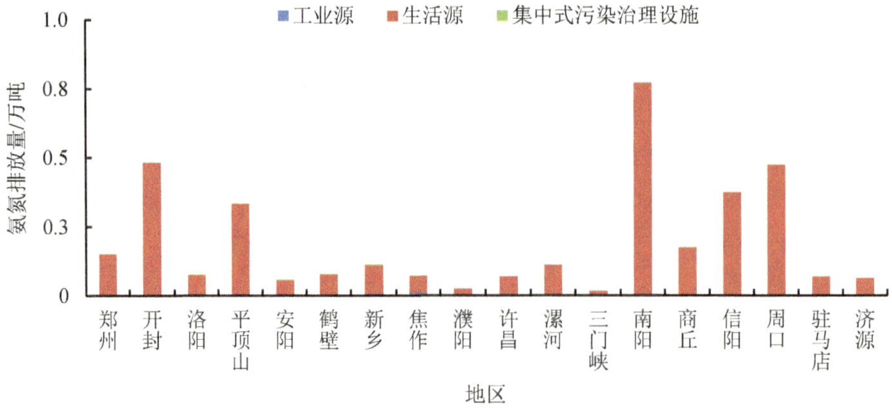

图 2-5 2020 年各地区及分源氨氮排放情况

2.2.3 各工业行业排放情况

2020 年，各工业行业中氨氮排放量排名前 5 位的依次为化学原料和化学制品制造业，农副食品加工业，电力、热力生产和供应业，酒、饮料和精制茶制造业，医药制造业，排放量合计 0.04 万吨，占全省工业源氨氮排放量的 59.2%，分别占 24.0%、9.9%、9.0%、8.9%、7.4%。2020 年各工业行业氨氮排放情况见图 2-6。

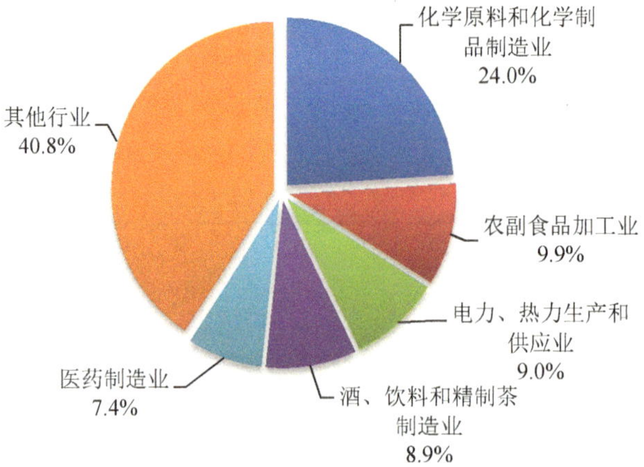

图 2-6 2020 年各工业行业氨氮排放情况

2.3 总氮排放情况

2.3.1 全省及分源排放情况

2020 年，全省废水中总氮排放量 17.4 万吨。“十三五”期间，全省总氮排放量（不含农业源和农村生活源，下同）先降后升；与 2016 年相比，2020 年全省总氮排放量上升了 5.9%。

2020 年，工业源、农业源、生活源、集中式污染治理设施废水（含渗滤液）中总氮排放量分别为 0.5 万吨、8.9 万吨、8.0 万吨、0.008 万吨，分别占全省总氮排放量的 3.1%、50.9%、46.0%、0.04%。“十三五”期间，工业源总氮排放量先降后持平，城镇生活源总氮排放量先降后升，集中式污染治理设施总氮排放量逐年下降。与 2016 年相比，2020 年工业源、城镇生活源、集中式污染治理设施总氮排放量分别下降 28.3%、上升 10.7%、下降 79.1%。全省及分源总氮排放情况见表 2-3，全省及分源总氮排放变化情况见图 2-7。

表 2-3 “十三五”期间全省及分源总氮排放情况

年份	全省排放量/万吨	工业源		农业源②		生活源③		集中式污染治理设施④	
		排放量/万吨	占比/%	排放量/万吨	占比/%	排放量/万吨	占比/%	排放量/万吨	占比/%
2016 年	6.9	0.7	10.8	0.2	2.4	6.0	86.2	0.04	0.5
2017 年	6.6	0.5	8.4	0.05	0.8	5.9	90.6	0.02	0.3
2018 年	6.4	0.5	8.6	0.04	0.6	5.8	90.6	0.01	0.2
2019 年	6.4	0.5	8.2	0.05	0.7	5.8	91.0	0.01	0.2
2020 年	17.4	0.5	3.1	8.9	50.9	8.0（6.6③）	46.0	0.008	0.04
2020 年与 2016 年相比增长率/%	5.9①	-28.3	—⑤	—	—	10.7③	—	-79.1	—

注：①不含农业源和农村生活源数据，原因参考②和③。

②农业源数据：2016—2019 年为市级大型畜禽养殖场统计调查数据，2020 年为省级种植业、畜禽养殖业和水产养殖业统计数据，2020 年数据与 2016—2019 年数据统计口径不同，不具有可比性。本章涉及废水中污染物数据趋势比较时均不含农业源数据。

③生活源数据：2016—2019 年为城镇生活源统计调查数据，2020 年为城镇与农村生活源统计调查数据，括号内数据为城镇生活源数据，本章涉及生活源废水中污染物数据趋势比较时仅采用城镇生活源数据进行同口径比较。

④集中式污染治理设施废水中污染物排放量指生活垃圾处理场（厂）和危险废物（医疗废物）集中处理厂废水（含渗滤液）中污染物的排放量。

⑤报表中“—”表示无此项指标或不宜计算。

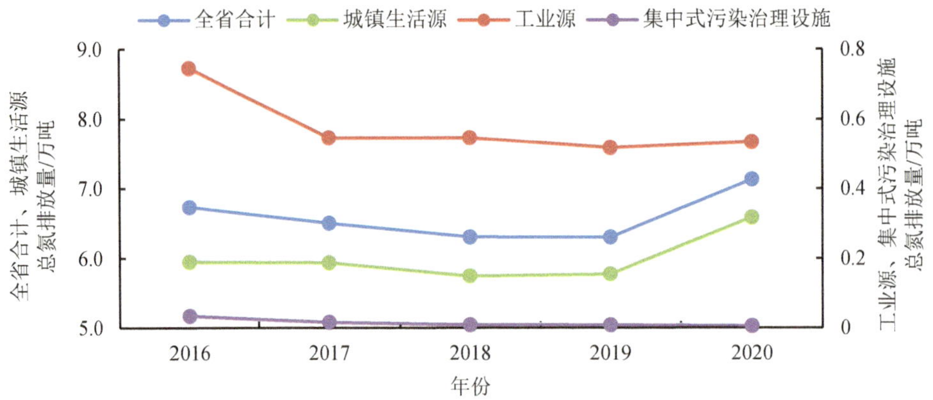

图 2-7 “十三五”期间全省及分源总氮排放变化情况

2.3.2 各地区及分源排放情况

2020 年，总氮排放量（不含农业源）排名前 5 位的地区依次为南阳、郑州、开封、周口和平顶山，合计排放量 4.9 万吨，占全省总氮排放量的 57.3%，分别占 16.0%、12.4%、10.6%、9.9%和 8.4%。生活源总氮排放量排名前 3 位的地区依次为南阳、郑州和开封。工业源总氮排放量排名前 3 位的地区依次为新乡、焦作和郑州。2020 年各地区及分源总氮排放情况见图 2-8。

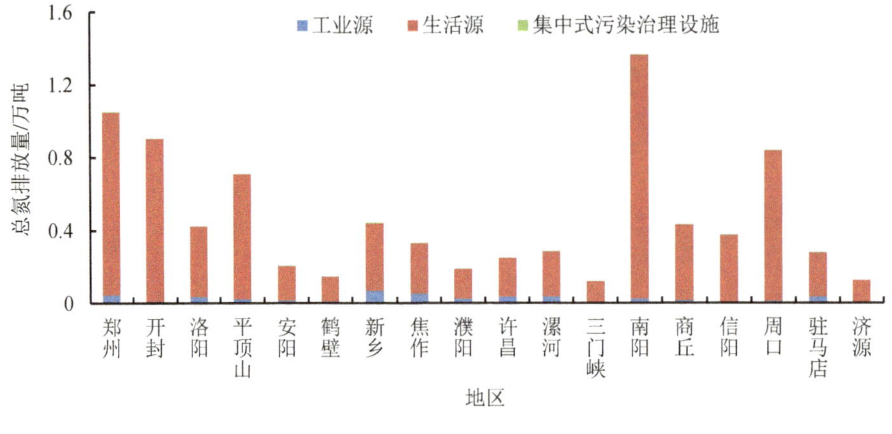

图 2-8 2020 年各地区及分源总氮排放情况

2.3.3 各工业行业排放情况

2020 年，各工业行业中总氮排放量排名前 5 位的依次为化学原料和化学制品制造业，电力、热力生产和供应业，石油、煤炭及其他燃料加工业，农副食品加工业，医药制造业，合计排放量 0.2 万吨，占全省工业源总氮排放量的 58.9%，分别占 24.3%、9.8%、9.4%、7.9%、7.5%。2020 年各工业行业总氮排放情况见图 2-9。

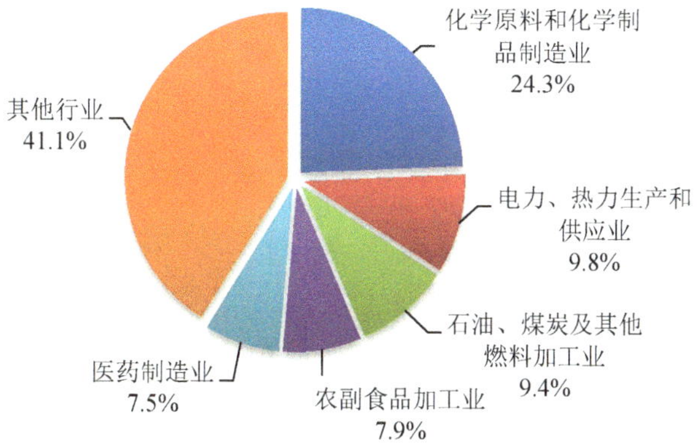

图 2-9　2020 年各工业行业总氮排放情况

2.4　总磷排放情况

2.4.1　全省及分源排放情况

2020 年，全省废水中总磷排放量 1.6 万吨。“十三五”期间，全省总磷排放量（不含农业源和农村生活源，下同）先降后升；与 2016 年相比，2020 年全省总磷排放量下降 13.9%。

2020 年，工业源、农业源、生活源、集中式污染治理设施废水（含渗滤液）中总磷排放量分别为 0.01 万吨、1.2 万吨、0.4 万吨、0.000 1 万吨，分别占全省总磷排放量的 0.8%、75.8%、23.4%、0.01%。“十三五”期间，工业源总磷排放量先降后升，城镇生活源总磷排放量总体先降后升，集中式污染治理设施总磷排放量逐年下降。与 2016 年相比，2020 年工业源、城镇生活源、集中式污染治理设施总磷排放量分别下降 70.9%、4.4%、81.1%。全省及分源总磷排放情况见表 2-4，全省及分源总磷排放变化情况见图 2-10。

表 2-4　“十三五”期间全省及分源总磷排放情况

年份	全省排放量/万吨	工业源		农业源[2]		生活源[3]		集中式污染治理设施[4]	
		排放量/万吨	占比/%	排放量/万吨	占比/%	排放量/万吨	占比/%	排放量/万吨	占比/%
2016 年	0.3	0.04	12.9	0.03	8.0	0.3	78.9	0.000 7	0.2
2017 年	0.3	0.02	5.8	0.008	2.4	0.3	91.6	0.000 6	0.2

年份	全省排放量/万吨	工业源		农业源②		生活源③		集中式污染治理设施④	
		排放量/万吨	占比/%	排放量/万吨	占比/%	排放量/万吨	占比/%	排放量/万吨	占比/%
2018 年	0.2	0.01	5.1	0.007	2.8	0.2	91.9	0.000 4	0.2
2019 年	0.2	0.01	5.9	0.009	4.3	0.2	89.7	0.000 2	0.1
2020 年	1.6	0.01	0.8	1.2	75.8	0.4（0.3③）	23.4	0.000 1	0.01
2020 年与 2016 年相比增长率/%	-13.9①	-70.9	—⑤	—	—	-4.4③	—	-81.1	—

注：①不含农业源和农村生活源数据，原因参考②和③。

②农业源数据：2016—2019 年为市级大型畜禽养殖场统计调查数据，2020 年为省级种植业、畜禽养殖业和水产养殖业统计数据，2020 年数据与 2016—2019 年数据统计口径不同，不具有可比性。本章涉及废水中污染物数据趋势比较时均不含农业源数据。

③生活源数据：2016—2019 年为城镇生活源统计调查数据，2020 年为城镇与农村生活源统计调查数据，括号内数据为城镇生活源数据，本章涉及生活源废水中污染物数据趋势比较时仅采用城镇生活源数据进行同口径比较。

④集中式污染治理设施废水中污染物排放量指生活垃圾处理场（厂）和危险废物（医疗废物）集中处理厂废水（含渗滤液）中污染物的排放量。

⑤报表中“—”表示无此项指标或不宜计算。

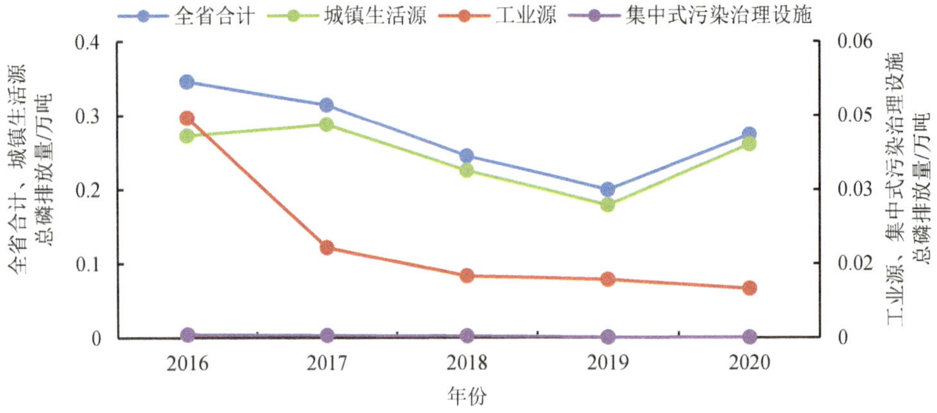

图 2-10 “十三五”期间全省及分源总磷排放变化情况

2.4.2 各地区及分源排放情况

2020 年，总磷排放量（不含农业源）排名前 5 位的地区依次为南阳、安阳、开封、周口和郑州，合计排放量 0.3 万吨，占全省总磷排放量的 65.1%，分别占 15.6%、14.9%、14.8%、13.7%和 6.1%。生活源总磷排放量排名前 3 位的地区依次为南阳、安阳和开封。工业源总磷排放量排名前 3 位的地区依次为新乡、焦作和漯河。2020 年各地区及分源总磷排放情况见图 2-11。

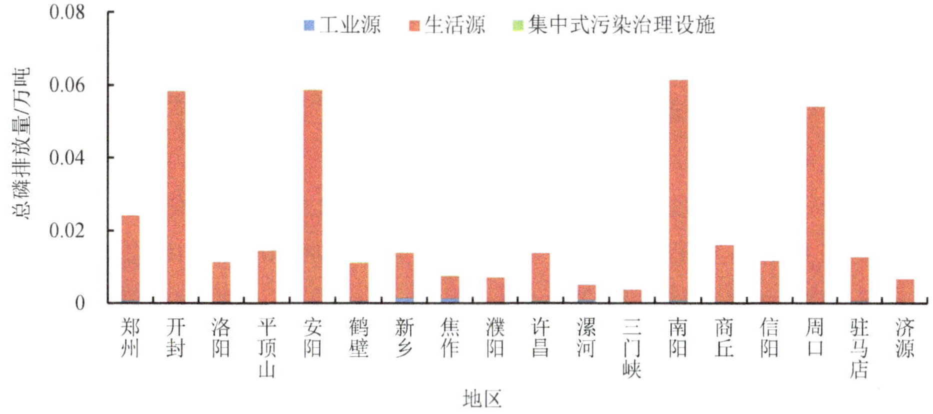

图 2-11　2020 年各地区及分源总磷排放情况

2.4.3　各工业行业排放情况

2020 年，各工业行业中总磷排放量排名前 5 位的依次为农副食品加工业，化学原料和化学制品制造业，酒、饮料和精制茶制造业，纺织服装、服饰业，医药制造业，合计排放量 0.005 万吨，占全省工业源总磷排放量的 60.2%，分别占 20.7%、14.7%、11.9%、6.7%、6.1%。2020 年各工业行业总磷排放情况见图 2-12。

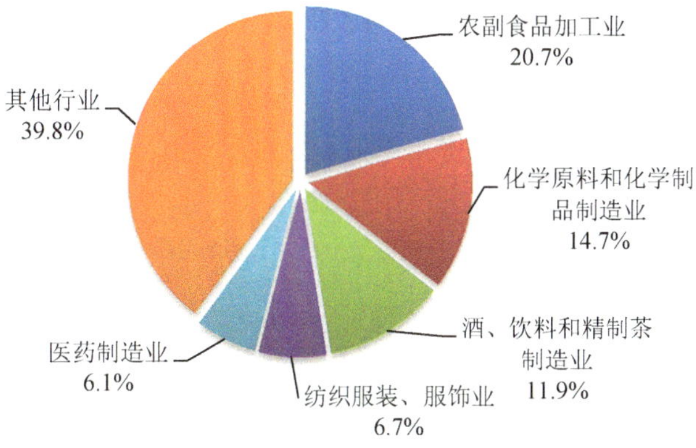

图 2-12　2020 年各工业行业总磷排放情况

2.5　其他污染物排放情况

2020 年，全省废水中石油类排放量 46.5 吨。“十三五”期间，全省石油类排放量逐年下降；与 2016 年相比，2020 年全省石油类排放量下降 71.2%。

2020 年，全省废水中挥发酚排放量 0.7 吨。“十三五”期间，全省挥发酚排放量逐年下降；与 2016 年相比，2020 年全省挥发酚排放量下降 80.3%。

2020 年，全省废水中氰化物排放量 0.5 吨。“十三五”期间，全省氰化物排放量先升后降；与 2016 年相比，2020 年全省氰化物排放量下降 56.3%。

2020 年，全省废水中重金属排放量 1.5 吨。“十三五”期间，全省重金属排放量总体下降；与 2016 年相比，2020 年全省重金属排放量下降 69.2%。2020 年，工业源、集中式污染治理设施废水（含渗滤液）中重金属排放量分别为 1.3 吨、0.2 吨，分别占全省重金属排放量的 86.3%、13.7%。“十三五”期间，工业源重金属排放量总体下降，集中式污染治理设施重金属排放量先降后升；与 2016 年相比，2020 年工业源、集中式污染治理设施重金属排放量分别下降 71.7%、30.5%。全省废水中其他污染物排放情况见表 2-5，全省废水中其他污染物排放变化情况见图 2-13。

表 2-5 “十三五”期间全省废水中其他污染物排放情况

年份	石油类全省排放量/吨	挥发酚全省排放量/吨	氰化物全省排放量/吨	重金属				
				全省排放量/吨	工业源		集中式污染治理设施	
					排放量/吨	占比/%	排放量/吨	占比/%
2016 年	161.4	3.3	1.1	4.8	4.5	93.9	0.3	6.1
2017 年	154.0	2.7	1.5	4.2	4.0	95.5	0.2	4.5
2018 年	103.8	1.5	1.4	3.8	3.7	97.0	0.1	3.0
2019 年	96.8	1.4	1.4	3.9	3.8	97.7	0.1	2.3
2020 年	46.5	0.7	0.5	1.5	1.3	86.3	0.2	13.7
2020 年与 2016 年相比增长率/%	−71.2	−80.3	−56.3	−69.2	−71.7	—	−30.5	—

注：报表中“—”表示无此项指标或不宜计算。

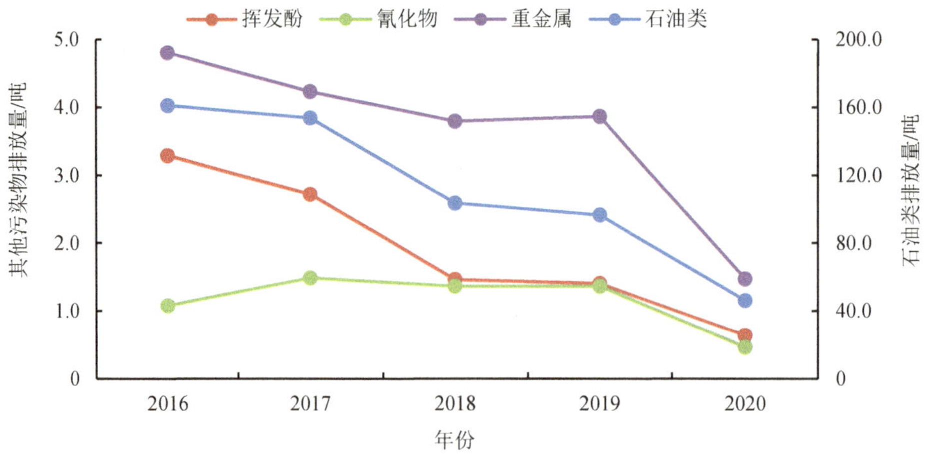

图 2-13 “十三五”期间全省废水中其他污染物排放变化情况

3

废气污染物

3.1 二氧化硫排放情况

3.1.1 全省及分源排放情况

2020 年，全省废气中二氧化硫排放量 6.7 万吨。“十三五”期间，全省二氧化硫排放量逐年下降；与 2016 年相比，2020 年全省二氧化硫排放量下降 82.7%。

2020 年，工业源、生活源、集中式污染治理设施废气中二氧化硫排放量分别为 5.7 万吨、1.0 万吨、0.02 万吨，分别占全省二氧化硫排放量的 85.3%、14.4%、0.2%。“十三五”期间，工业源二氧化硫排放量逐年下降，生活源、集中式污染治理设施二氧化硫排放量均先降后升。与 2016 年相比，2020 年工业源、生活源、集中式污染治理设施二氧化硫排放量分别下降 84.6%、下降 38.1%、上升 636.4%。全省及分源二氧化硫排放情况见表 3-1，全省及分源二氧化硫排放变化情况见图 3-1。

表 3-1 “十三五”期间全省及分源二氧化硫排放情况

年份	全省	工业源		生活源		集中式污染治理设施[①]	
	排放量/万吨	排放量/万吨	占比/%	排放量/万吨	占比/%	排放量/万吨	占比/%
2016 年	38.6	37.1	96.0	1.6	4.0	0.002	0.006
2017 年	14.0	13.1	93.4	0.9	6.5	0.002	0.01
2018 年	12.3	11.4	92.7	0.9	7.3	0.001	0.01
2019 年	10.4	9.7	92.5	0.8	7.5	0.001	0.01
2020 年	6.7	5.7	85.3	1.0	14.4	0.02	0.2
2020 年与 2016 年相比增长率/%	-82.7	-84.6	—[②]	-38.1	—	636.4	—

注：①集中式污染治理设施废气中污染物排放量指生活垃圾处理场（厂）和危险废物（医疗废物）集中处理厂焚烧废气中污染物的排放量。

②报表中“—”表示无此项指标或不宜计算。

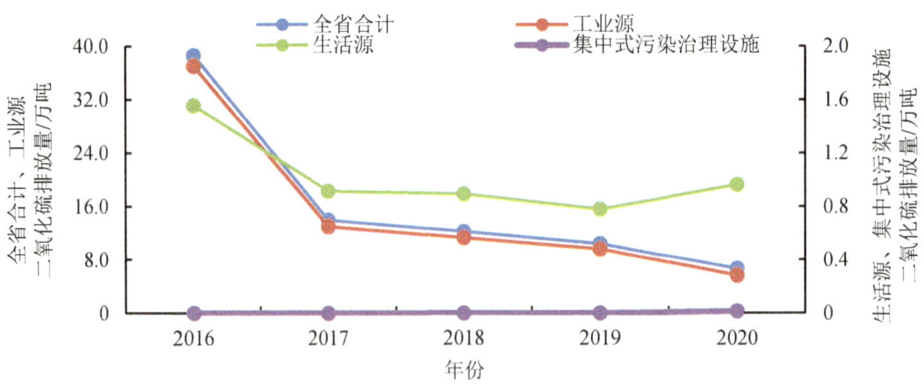

图 3-1 “十三五”期间全省及分源二氧化硫排放变化情况

3.1.2 各地区及分源排放情况

2020 年，二氧化硫排放量排名前 5 位的地区依次为安阳、洛阳、平顶山、郑州和南阳，排放量合计 3.3 万吨，占全省二氧化硫排放量的 49.5%，分别占 13.6%、10.9%、9.7%、8.5%和 6.8%。工业源二氧化硫排放量排名前 3 位的地区依次为安阳、洛阳和郑州。生活源二氧化硫排放量排名前 3 位的地区依次为南阳、安阳和洛阳。2020 年各地区及分源二氧化硫排放情况见图 3-2。

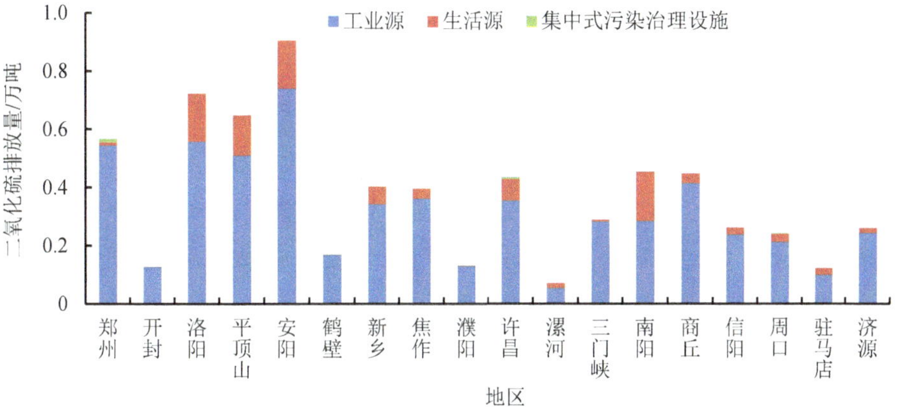

图 3-2　2020 年各地区及分源二氧化硫排放情况

3.1.3 各工业行业排放情况

2020 年，各工业行业中二氧化硫排放量排名前 3 位的依次为非金属矿物制品业，电力、热力生产和供应业，黑色金属冶炼和压延加工业，合计排放量 4.7 万吨，占全省工业源二氧化硫排放量的 82.7%，分别占 39.6%、32.3%、10.8%。2020 年各工业行业二氧化硫排放情况见图 3-3。

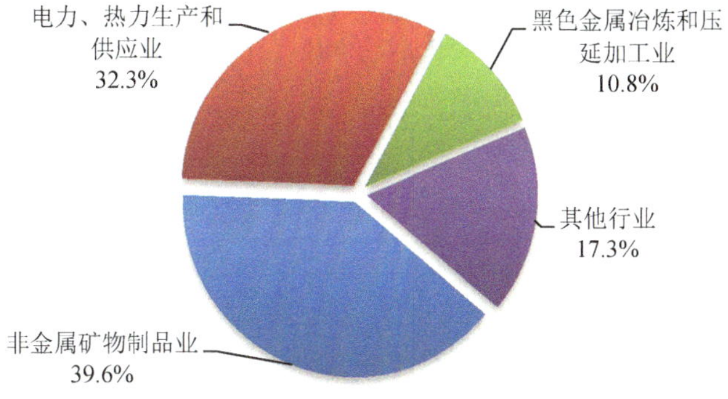

图 3-3　2020 年各工业行业二氧化硫排放情况

3.2 氮氧化物排放情况

3.2.1 全省及分源排放情况

2020 年，全省废气中氮氧化物排放量 54.5 万吨。“十三五”期间，全省氮氧化物排放量逐年下降；与 2016 年相比，2020 年全省氮氧化物排放量下降 33.6%。

2020 年，工业源、生活源、集中式污染治理设施、移动源废气中氮氧化物排放量分别为 10.3 万吨、0.6 万吨、0.1 万吨、43.4 万吨，分别占全省氮氧化物排放量的 19.0%、1.2%、0.2%、79.6%。“十三五”期间，工业源、生活源氮氧化物排放量均逐年下降，集中式污染治理设施氮氧化物排放量先降后升，移动源氮氧化物排放量小幅波动。与 2016 年相比，2020 年工业源、生活源、集中式污染治理设施、移动源氮氧化物放量分别下降 70.3%、下降 59.6%、上升 1 786.1%、下降 4.9%。全省及分源氮氧化物排放情况见表 3-2，全省及分源氮氧化物排放变化情况见图 3-4。

表 3-2 “十三五”期间全省及分源氮氧化物排放情况

年份	全省排放量/万吨	工业源		生活源		集中式污染治理设施[①]		移动源[②]	
		排放量/万吨	占比/%	排放量/万吨	占比/%	排放量/万吨	占比/%	排放量/万吨	占比/%
2016 年	82.1	34.8	42.4	1.6	1.9	0.007	0.008	45.7	55.6
2017 年	69.4	21.4	30.9	1.1	1.7	0.005	0.007	46.8	67.4
2018 年	65.6	17.1	26.1	1.1	1.6	0.005	0.007	47.4	72.3
2019 年	60.8	13.5	22.1	1.0	1.7	0.006	0.009	46.3	76.1
2020 年	54.5	10.3	19.0	0.6	1.2	0.1	0.2	43.4	79.6
2020 年与 2016 年相比增长率/%	-33.6	-70.3	—[③]	-59.6	—	1 786.1	—	-4.9	—

注：①集中式污染治理设施废气中污染物排放量指生活垃圾处理场（厂）和危险废物（医疗废物）集中处理厂焚烧废气中污染物的排放量。

②移动源数据：2016—2019 年为省级统计调查数据，2020 年为地市级统计调查数据。

③报表中“—”表示无此项指标或不宜计算。

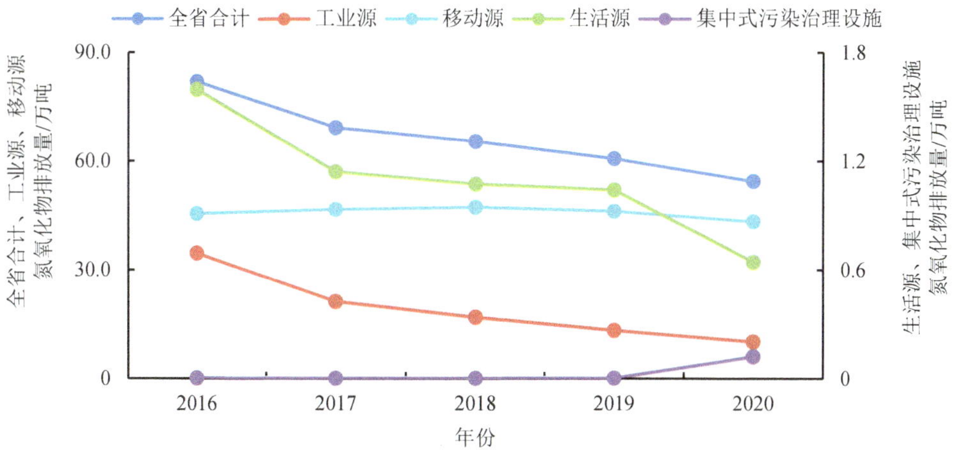

图 3-4　“十三五”期间全省及分源氮氧化物排放变化情况

3.2.2　各地区及分源排放情况

2020 年，氮氧化物排放量排名前 5 位的地区依次为郑州、安阳、商丘、焦作和周口，合计排放量 25.4 万吨，占全省氮氧化物排放量的 46.5%，分别占 15.4%、8.4%、7.7%、7.7%和 7.3%。工业源氮氧化物排放量排名前 3 位的地区依次为安阳、郑州和洛阳。移动源氮氧化物排放量排名前 3 位的地区依次为郑州、商丘和周口。2020 年各地区及分源氮氧化物排放情况见图 3-5。

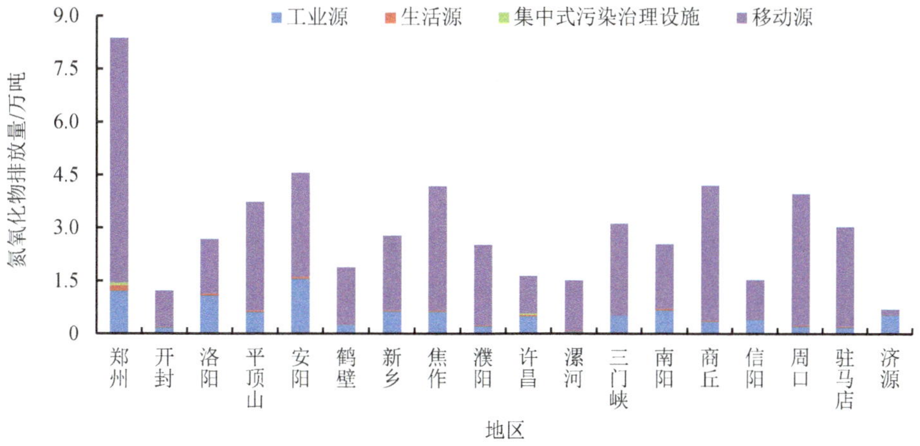

图 3-5　2020 年各地区及分源氮氧化物排放情况

3.2.3　各工业行业排放情况

2020 年，各工业行业中氮氧化物排放量排名前 3 位的行业依次为电力、热力生产和供应业，非金属矿物制品业，黑色金属冶炼和压延加工业，合计排放量 8.5 万吨，占全省工业源氮氧化物排放量的 82.5%，分别占 36.8%、29.6%、16.1%。2020 年各工业行业氮氧化物排放情况见图 3-6。

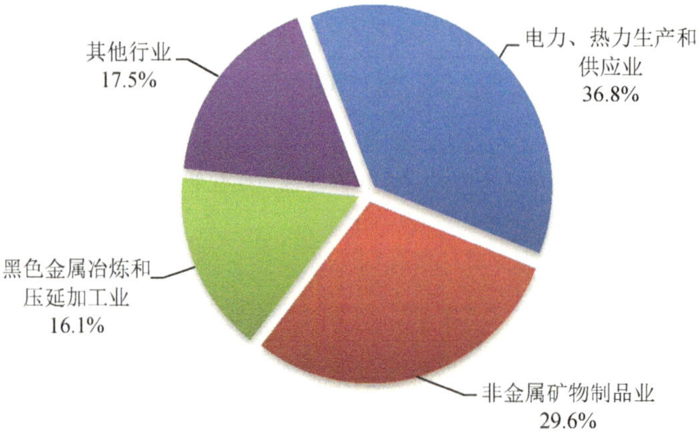

图 3-6　2020 年各工业行业氮氧化物排放情况

3.3　颗粒物排放情况

3.3.1　全省及分源排放情况

2020 年，全省废气中颗粒物排放量 8.6 万吨。“十三五”期间，全省颗粒物排放量逐年下降；2020 年与 2016 年相比，全省颗粒物排放量下降 77.5%。

2020 年，工业源、生活源、集中式污染治理设施、移动源废气中颗粒物排放量分别为 6.1 万吨、1.8 万吨、0.004 万吨、0.7 万吨，分别占全省颗粒物排放量的 70.9%、20.9%、0.04%、8.2%。“十三五”期间，工业源、生活源颗粒物排放量均逐年下降，集中式污染治理设施、移动源颗粒物排放量均先降后升。与 2016 年相比，2020 年工业源、生活源、集中式污染治理设施、移动源颗粒物排放量分别下降 81.2%、下降 58.8%、上升 31.4%、下降 47.8%。全省及分源颗粒物排放情况见表 3-3，全省及分源颗粒物排放变化情况见图 3-7。

表 3-3 "十三五"期间全省及分源颗粒物排放情况

年份	全省排放量/万吨	工业源		生活源		集中式污染治理设施[①]		移动源[②]	
		排放量/万吨	占比/%	排放量/万吨	占比/%	排放量/万吨	占比/%	排放量/万吨	占比/%
2016 年	38.1	32.4	85.0	4.4	11.4	0.003	0.007	1.3	3.5
2017 年	25.7	21.8	85.0	2.6	10.0	0.001	0.004	1.3	5.0
2018 年	21.5	18.3	85.1	2.2	10.1	0.001	0.005	1.0	4.8
2019 年	17.5	15.0	85.6	2.0	11.2	0.001	0.006	0.6	3.2
2020 年	8.6	6.1	70.9	1.8	20.9	0.004	0.04	0.7	8.2
2020 年与 2016 年相比增长率/%	−77.5	−81.2	—[③]	−58.8	—	31.4	—	−47.8	—

注：①集中式污染治理设施废气中污染物排放量指生活垃圾处理场（厂）和危险废物（医疗废物）集中处理厂焚烧废气中污染物的排放量。

②移动源数据：2016—2019 年为省级统计调查数据，2020 年为地市级统计调查数据。

③报表中"—"表示无此项指标或不宜计算。

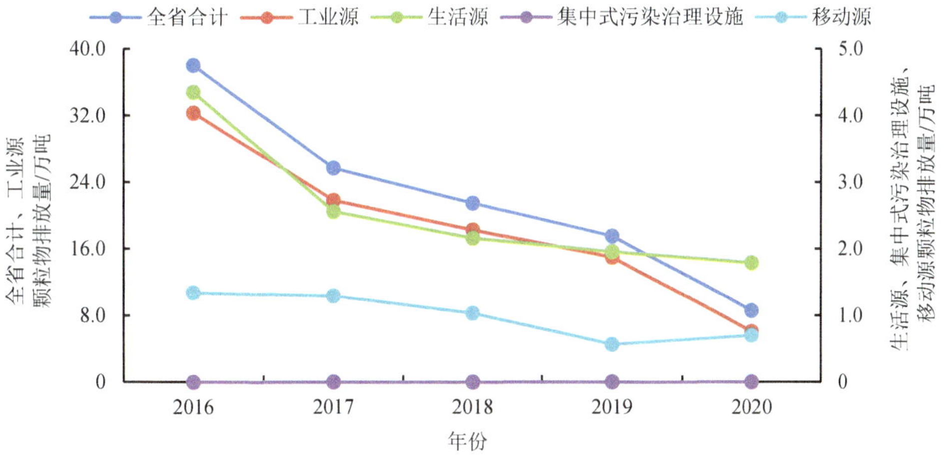

图 3-7 "十三五"期间全省及分源颗粒物排放变化情况

3.3.2 各地区及分源排放情况

2020 年，颗粒物排放量排名前 5 位的地区依次为平顶山、安阳、洛阳、郑州和南阳，合计排放量 5.3 万吨，占全省颗粒物排放量的 62.1%，分别占 17.0%、13.4%、13.0%、10.7% 和 8.1%。工业源颗粒物排放量排名前 3 位的地区依次为平顶山、洛阳和安阳。移动源颗粒物排放量排名前 3 位的地区依次为新乡、郑州和平顶山。2020 年各地区及分源颗粒物排放情况见图 3-8。

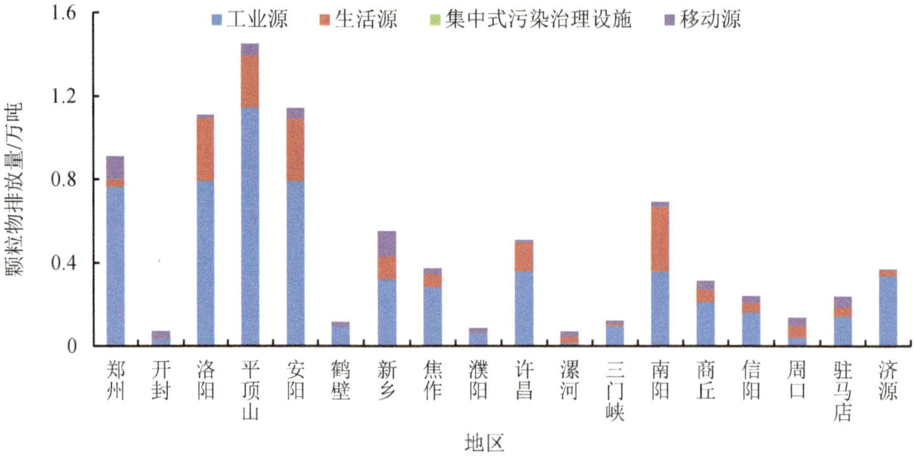

图 3-8　2020 年各地区及分源颗粒物排放情况

3.3.3　各工业行业排放情况

2020 年，各工业行业中颗粒物排放量排名前 3 位的行业依次为非金属矿物制品业，煤炭开采和洗选业，黑色金属冶炼和压延加工业，合计排放量 4.3 万吨，占全省工业源颗粒物排放量的 70.7%，分别占 36.3%、22.6%、11.9%。2020 年各工业行业颗粒物排放情况见图 3-9。

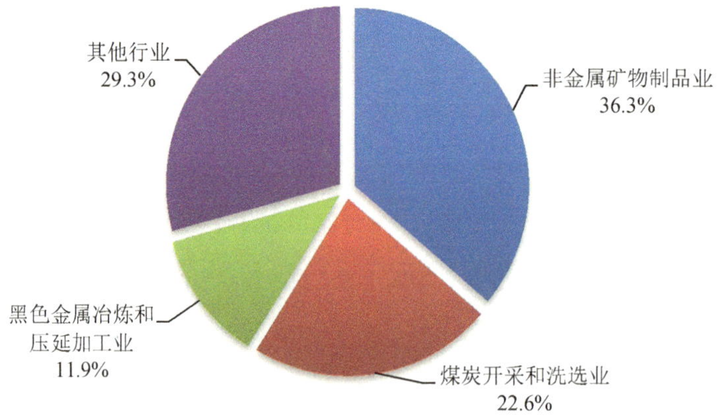

图 3-9　2020 年各工业行业颗粒物排放情况

3.4 挥发性有机物（VOCs）排放情况

3.4.1 全省及分源排放情况

2020 年，全省废气中挥发性有机物（VOCs）排放量 27.4 万吨。工业源、生活源、移动源废气中挥发性有机物（VOCs）排放量分别为 2.3 万吨、10.3 万吨、14.8 万吨，分别占全省挥发性有机物（VOCs）排放量的 8.4%、37.5%、54.1%。全省及分源挥发性有机物（VOCs）排放情况见表 3-4、图 3-10。

表 3-4 2020 年全省及分源挥发性有机物（VOCs）排放情况

年份	全省	工业源		生活源		移动源	
	排放量/万吨	排放量/万吨	占比/%	排放量/万吨	占比/%	排放量/万吨	占比/%
2020 年	27.4	2.3	8.4	10.3	37.5	14.8	54.1

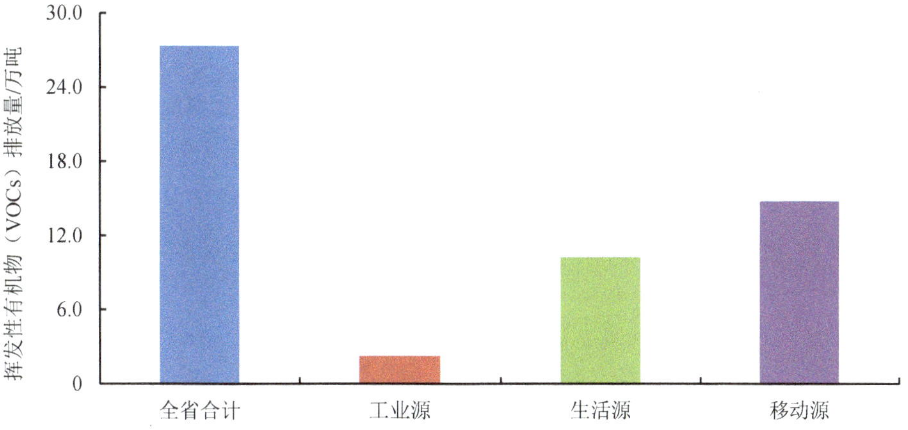

图 3-10 2020 年全省及分源挥发性有机物（VOCs）排放情况

3.4.2 各地区及分源排放情况

2020 年，挥发性有机物（VOCs）排放量排名前 5 位的地区依次为郑州、洛阳、南阳、新乡和安阳，合计排放量 13.0 万吨，占全省挥发性有机物（VOCs）排放量的 47.4%，分别占 20.2%、7.0%、7.0%、6.9%和 6.3%。工业源挥发性有机物（VOCs）排放量排名前 3 位的地区依次为郑州、洛阳和濮阳。移动源挥发性有机物（VOCs）排放量排名前 3 位的地区依次为郑州、新乡和安阳。2020 年各地区及分源挥发性有机物（VOCs）排放情况见图 3-11。

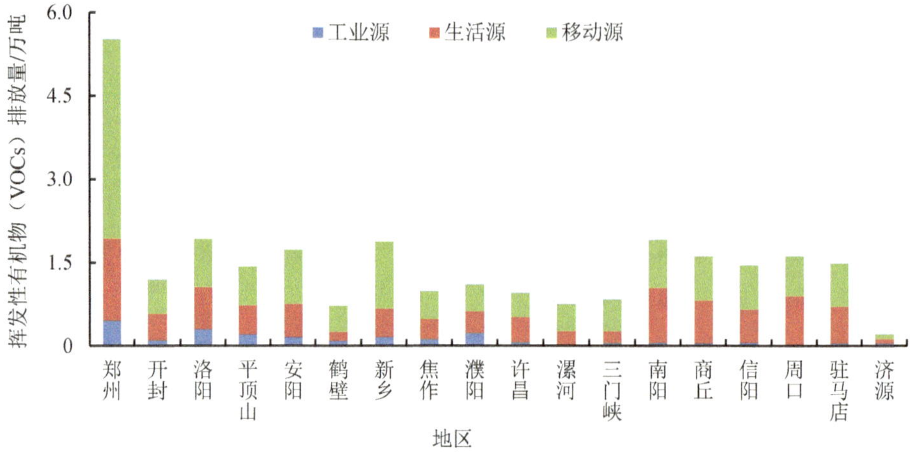

图 3-11　2020 年各地区及分源挥发性有机物（VOCs）排放情况

3.4.3　各工业行业排放情况

2020 年，各工业行业中挥发性有机物（VOCs）排放量排名前 3 位的行业依次为化学原料和化学制品制造业，石油、煤炭及其他燃料加工业，有色金属冶炼和压延加工业，合计排放量 1.2 万吨，占全省工业源挥发性有机物（VOCs）排放量的 52.2%，分别占 22.3%、22.1%、7.9%。2020 年各工业行业挥发性有机物（VOCs）排放情况见图 3-12。

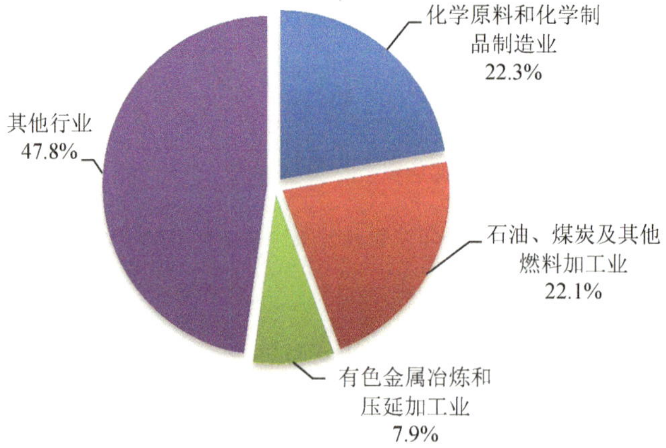

图 3-12　2020 年各工业行业挥发性有机物（VOCs）排放情况

4

工业固体废物和危险废物

4.1　一般工业固体废物产生、综合利用和处置情况

4.1.1　全省产生、综合利用和处置情况

2020 年，全省一般工业固体废物产生量 1.5 亿吨，综合利用量 1.1 亿吨，处置量 0.2 亿吨。

“十三五”期间，全省一般工业固体废物产生量、处置量均先升后降，综合利用量小幅波动。与 2016 年相比，2020 年全省一般工业固体废物产生量、综合利用量、处置量分别下降 11.6%、上升 8.7%、下降 54.5%。全省一般工业固体废物产生、综合利用和处置情况见表 4-1，全省一般工业固体废物产生、综合利用和处置变化情况见图 4-1。

表 4-1　“十三五”期间全省一般工业固体废物产生、综合利用和处置情况　单位：亿吨

年份	产生量	综合利用量	处置量
2016 年	1.7	1.1	0.5
2017 年	1.8	1.0	0.5
2018 年	2.0	1.2	0.6
2019 年	2.5	1.2	0.5
2020 年	1.5	1.1	0.2
2020 年与 2016 年相比增长率/%	−11.6	8.7	−54.5

注：“综合利用量”“处置量”指标中含有综合利用和处置往年贮存量。

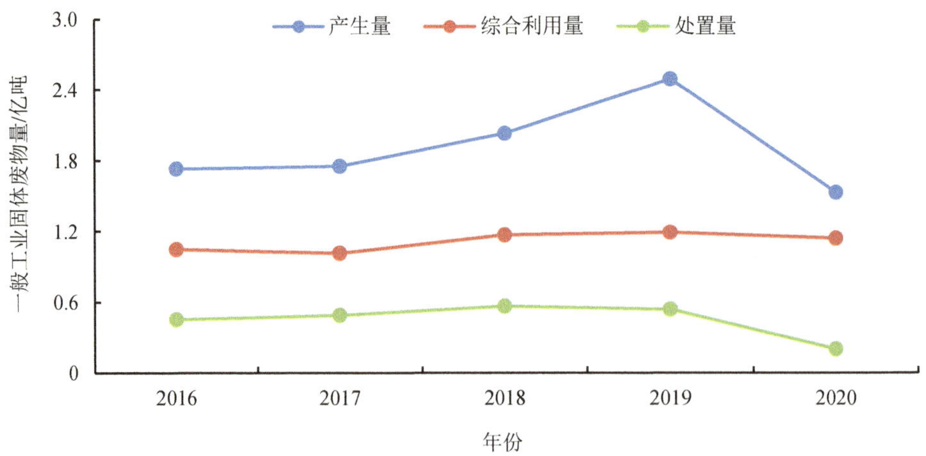

图 4-1　“十三五”期间全省一般工业固体废物产生、综合利用和处置变化情况

4.1.2 各地区产生、综合利用和处置情况

2020 年，一般工业固体废物产生量排名前 5 位的地区依次为洛阳、平顶山、三门峡、郑州和安阳，合计产生量 1.0 亿吨，占全省一般工业固体废物产生量的 65.6%，分别占 30.1%、10.4%、9.4%、8.4%和 7.3%。综合利用量排名前 3 位的地区依次为洛阳、平顶山和郑州。处置量排名前 3 位的地区依次为三门峡、安阳和济源。2020 年各地区一般工业固体废物产生、综合利用和处置情况见图 4-2。

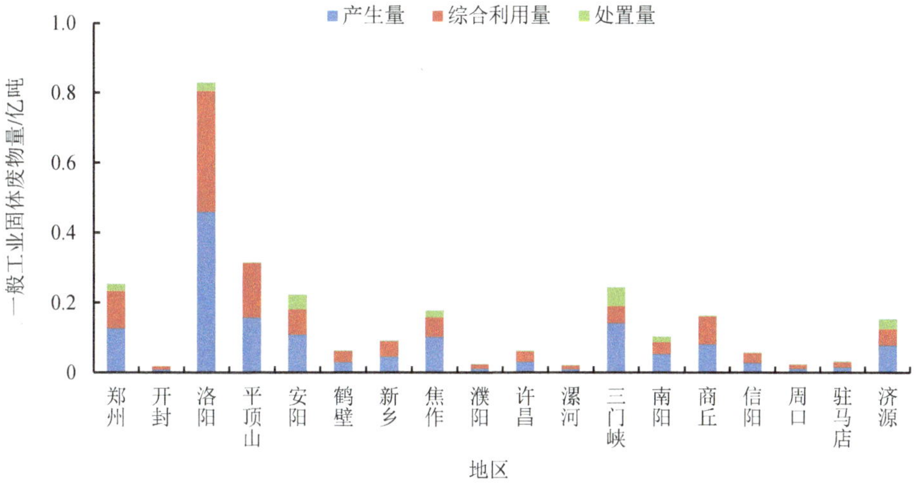

图 4-2　2020 年各地区一般工业固体废物产生、综合利用和处置情况

4.1.3 各工业行业产生、综合利用和处置情况

2020 年，各工业行业中一般工业固体废物产生量排名前 3 位的行业依次为电力、热力生产和供应业，有色金属矿采选业，有色金属冶炼和压延加工业，合计产生量 1.0 亿吨，占全省一般工业固体废物产生量的 64.7%，分别占 28.8%、24.6%、11.3%。综合利用量排名前 3 位的行业依次为电力、热力生产和供应业，有色金属矿采选业，煤炭开采和洗选业。处置量排名前 3 位的行业依次为有色金属冶炼和压延加工业，黑色金属冶炼和压延加工业，电力、热力生产和供应业。2020 年各主要工业行业一般工业固体废物产生、综合利用和处置情况见图 4-3。

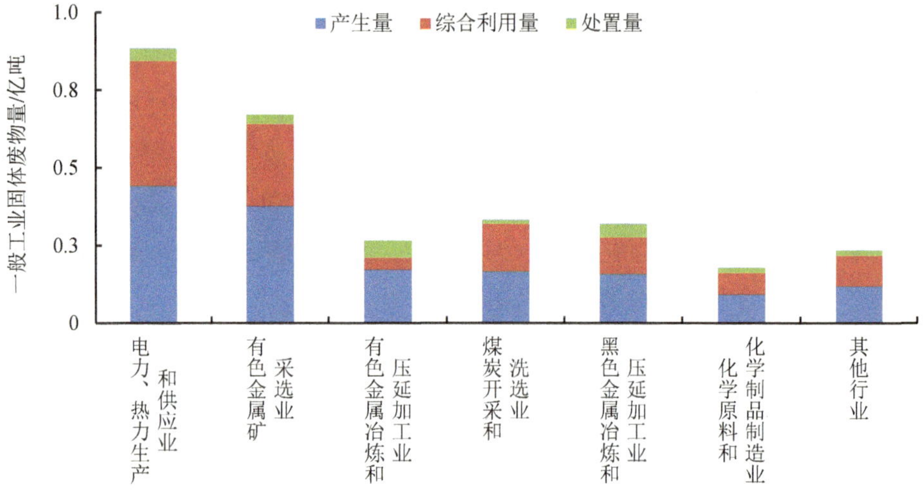

图 4-3　2020 年各主要工业行业一般工业固体废物产生、综合利用和处置情况

4.2　危险废物产生和利用处置情况

4.2.1　全省产生和利用处置情况

2020 年，全省工业危险废物产生量 212.3 万吨，全省工业危险废物利用处置量 253.3 万吨。

“十三五”期间，全省工业危险废物产生量、利用处置量均总体上升；2020 年与 2016 年相比，全省工业危险废物产生量、利用处置量分别上升 179.4%、246.6%。全省危险废物产生和利用处置情况见表 4-2，全省危险废物产生和利用处置变化情况见图 4-4。

表 4-2　“十三五”期间全省危险废物产生和利用处置情况　　单位：万吨

年份	产生量	利用处置量
2016 年	76.0	73.1
2017 年	184.6	190.0
2018 年	198.2	173.0
2019 年	230.1	212.9
2020 年	212.3	253.3
2020 年与 2016 年相比增长率/%	179.4	246.6

注：“利用处置量”指标中含有利用处置往年贮存量。

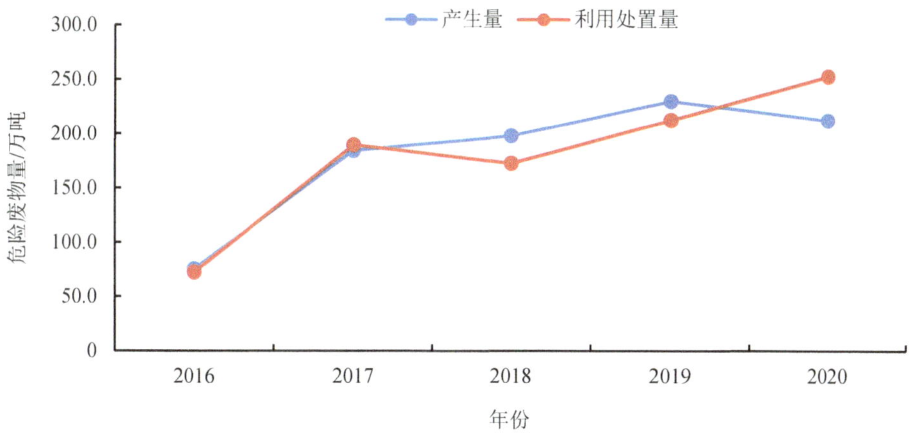

图 4-4　“十三五”期间全省危险废物产生和利用处置变化情况

4.2.2　各地区产生和利用处置情况

2020 年，危险废物产生量排名前 5 位的地区依次为济源、洛阳、三门峡、安阳和郑州，合计产生量 178.7 万吨，占全省危险废物产生量的 84.2%，分别占 56.3%、10.9%、7.4%、5.1%和 4.4%。利用处置量排名前 3 位的地区依次为济源、三门峡和洛阳。2020 年各地区危险废物产生和利用处置情况见图 4-5。

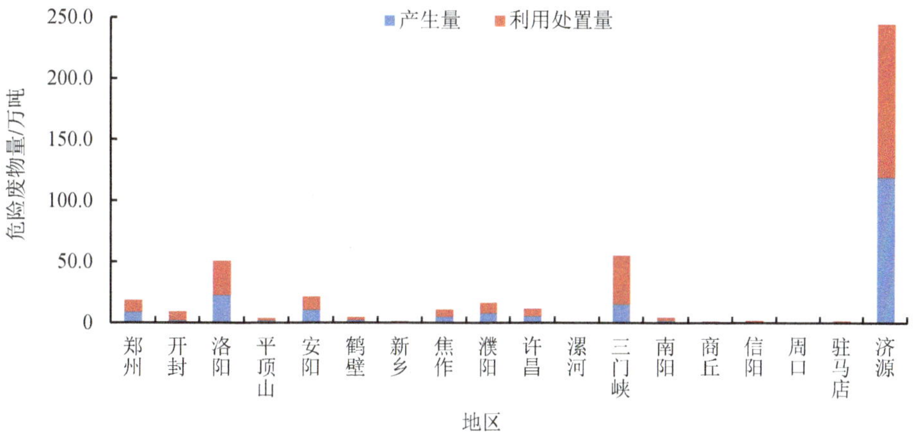

图 4-5　2020 年各地区危险废物产生和利用处置情况

4.2.3　各工业行业产生和利用处置情况

2020 年，各工业行业中危险废物产生量排名前 3 位的行业依次为有色金属冶炼和压延加工业，废弃资源综合利用业，电力、热力生产和供应业，合计产生量 170.5 万吨，占全省危险废物产生量的 80.3%，分别占 62.4%、10.7%、7.3%。利用处置量排名前 3 位的行业依次为有色金属冶炼和压延加工业，废弃资源综合利用业，非金属矿物制品业。2020 年各主要工业行业危险废物产生和利用处置情况见图 4-6。

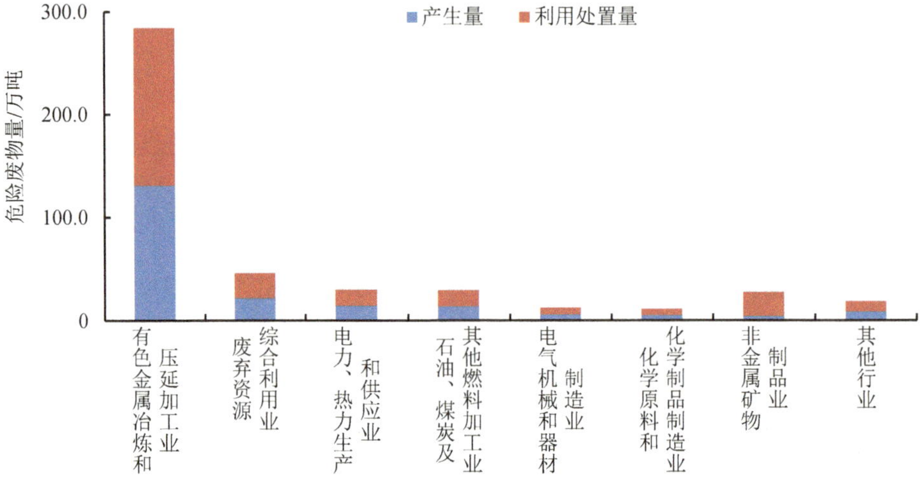

图 4-6　2020 年各主要工业行业危险废物产生和利用处置情况

5

污染治理设施

5.1 工业企业污染治理情况

5.1.1 工业废水治理情况

2020 年，全省纳入调查的涉水工业企业 2 768 家，废水治理设施 3 137 套，设计处理能力 967.8 万吨/日，年运行费用 34.7 亿元，工业废水处理量 11.0 亿吨。

“十三五”期间，全省废水治理设施数量先降后升，全省工业废水处理量先升后降。与 2016 年相比，2020 年全省废水治理设施数量、工业废水处理量分别上升 6.9%、下降 23.4%。全省工业废水治理情况见表 5-1，全省工业废水治理变化情况见图 5-1。

表 5-1 “十三五”期间全省工业废水治理情况

年份	废水治理设施数/套	工业废水处理量/亿吨
2016 年	2 935	14.4
2017 年	2 718	17.5
2018 年	2 910	15.9
2019 年	3 020	12.1
2020 年	3 137	11.0
2020 年与 2016 年相比增长率/%	6.9	−23.4

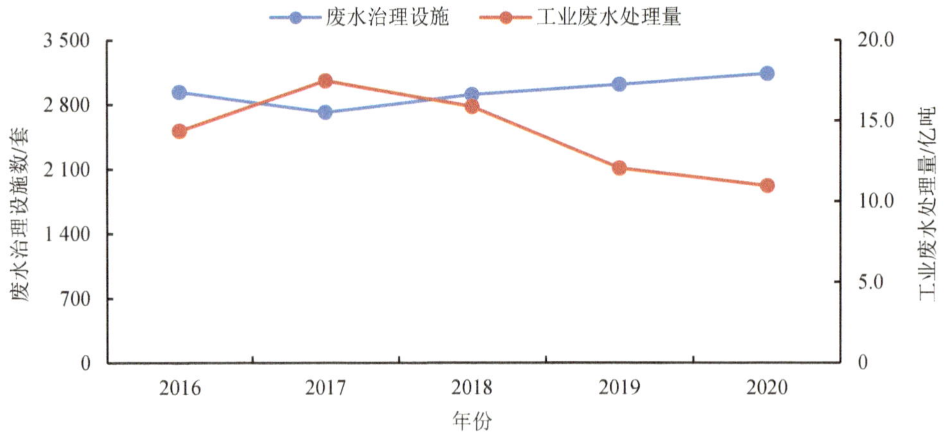

图 5-1 “十三五”期间全省工业废水治理变化情况

2020 年，工业废水治理设施数量排名前 5 位的地区依次为郑州、洛阳、新乡、安阳和焦作。工业废水处理量排名前 5 位的地区依次为安阳、平顶山、商丘、洛阳和济源。

2020 年各地区工业废水治理设施情况见图 5-2，2020 年各地区工业废水处理情况见图 5-3。

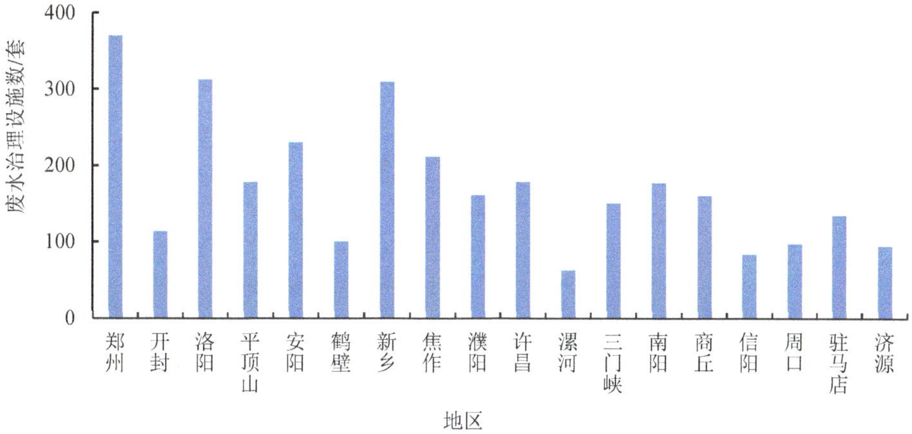

图 5-2　2020 年各地区工业废水治理设施情况

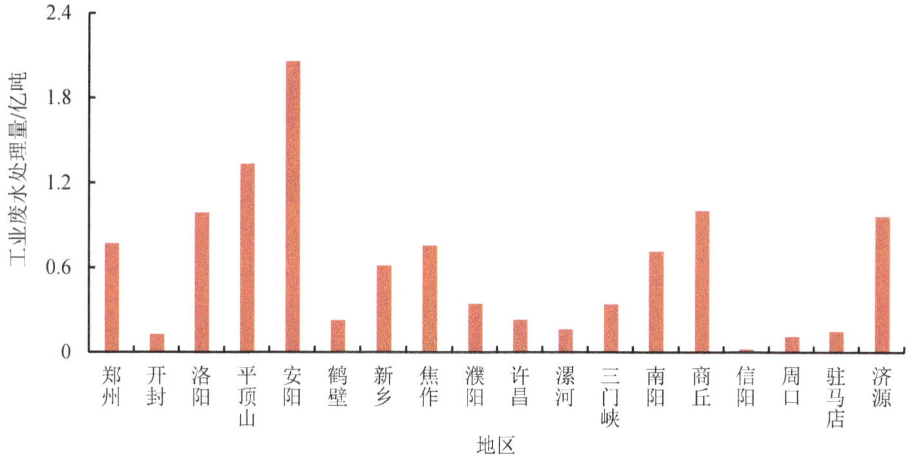

图 5-3　2020 年各地区工业废水处理情况

2020 年，各工业行业中废水治理设施数量排名前 3 位的行业依次为农副食品加工业，化学原料和化学制品制造业，非金属矿物制品业。工业废水处理量排名前 3 位的行业依次为黑色金属冶炼和压延加工业，煤炭开采和洗选业，化学原料和化学制品制造业。2020 年各工业行业废水治理设施情况见图 5-4，2020 年各工业行业废水处理情况见图 5-5。

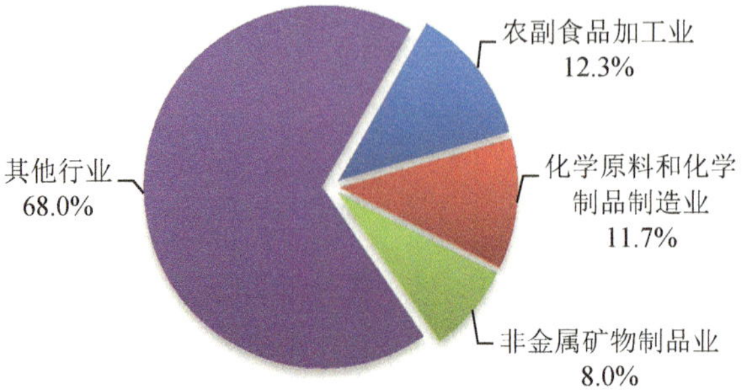

图 5-4　2020 年各工业行业废水治理设施情况

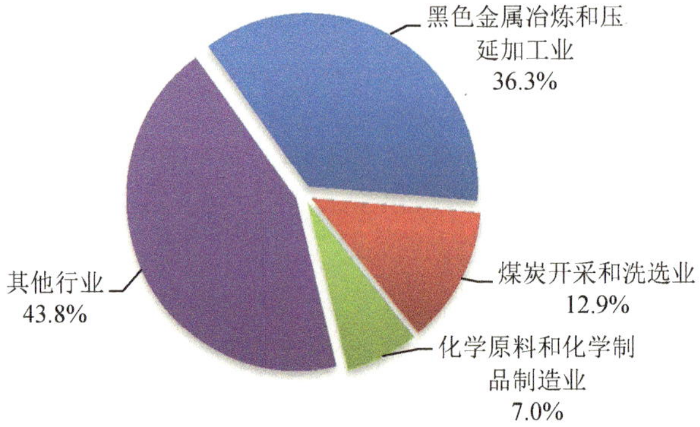

图 5-5　2020 年各工业行业废水处理情况

5.1.2　工业废气治理情况

2020 年，全省纳入调查的涉气工业企业 6 899 家，废气治理设施 15 848 套；其中脱硫设施 1 776 套，脱硝设施 1 657 套，除尘设施 7 946 套；年运行费用 119.6 亿元。

“十三五”期间，全省废气治理设施、脱硫设施、脱硝设施数量均先升后降，除尘设施逐年上升；与 2016 年相比，2020 年全省废气治理设施、脱硫设施、脱硝设施、除尘设施数量分别上升 22.1%、下降 14.1%、上升 137.1%、上升 56.9%。全省工业废气治理设施情况见表 5-2，全省工业废气治理设施变化情况见图 5-6。

表 5-2　“十三五”期间全省工业废气治理设施情况　　单位：套

年份	废气治理设施			
		脱硫设施	脱硝设施	除尘设施
2016 年	12 984	2 068	699	5 064
2017 年	16 371	2 323	1 077	6 045
2018 年	18 078	2 219	1 324	6 379

年份	废气治理设施			
		脱硫设施	脱硝设施	除尘设施
2019 年	22 076	2 258	1 847	7 519
2020 年	15 848	1 776	1 657	7 946
2020 年与 2016 年相比增长率/%	22.1	−14.1	137.1	56.9

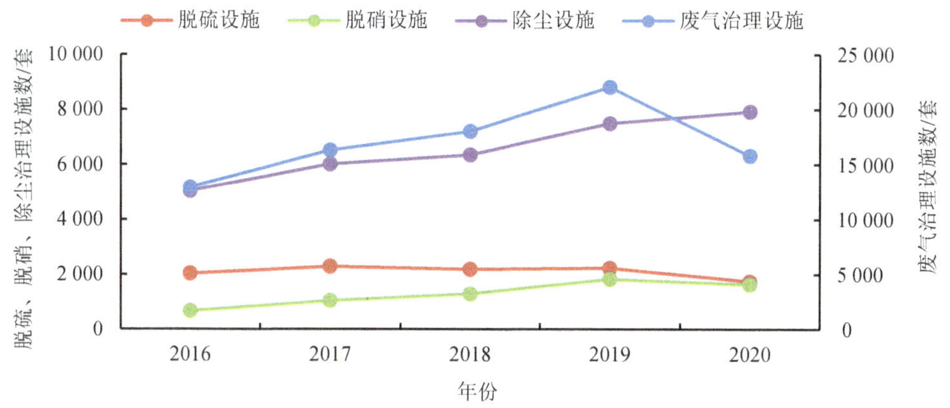

图 5-6 “十三五”期间全省工业废气治理设施变化情况

2020 年，工业废气治理设施数量排名前 5 位的地区依次为郑州、安阳、新乡、洛阳和焦作。2020 年各地区废气治理设施情况见图 5-7。

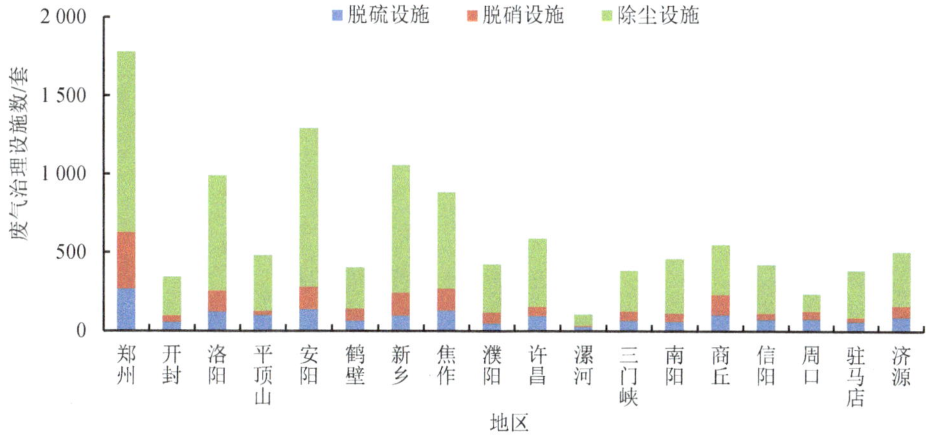

图 5-7 2020 年各地区废气治理设施情况

2020 年，各工业行业中废气治理设施数量排名前 3 位的行业依次为非金属矿物制品业，化学原料和化学制品制造业，有色金属冶炼和压延加工业。2020 年各工业行业废气治理设施情况见图 5-8。

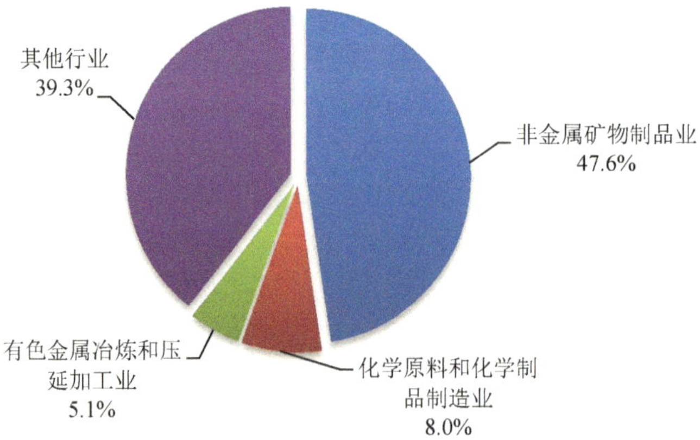

图 5-8　2020 年各工业行业废气治理设施情况

5.2　集中式污染治理设施污染治理情况

5.2.1　污水处理厂情况

2020年，全省纳入调查的污水处理厂385家，污水处理厂设计处理能力1 619.2万吨/日，年运行费用47.2亿元。全年污水处理量46.2亿吨；其中，生活污水处理量41.2亿吨、工业废水处理量4.7亿吨，分别占污水处理量的89.3%、10.1%。污水主要污染物去除量分别为化学需氧量103.1万吨、氨氮12.4万吨、总氮14.4万吨、总磷1.7万吨；污泥产生量215.8万吨，污泥处置量215.1万吨。

“十三五”期间，全省污水处理量、生活污水处理量均逐年上升，工业废水处理量先升后降。与 2016 年相比，2020 年全省污水处理厂污水处理量、生活污水处理量、工业废水处理量分别上升 39.9%、40.4%、29.0%。全省污水处理情况见表 5-3，全省污水处理变化情况见图 5-9。

表 5-3　“十三五”期间全省污水处理情况　　单位：亿吨

年份	污水处理量		
		生活污水处理量	工业废水处理量
2016 年	33.0	29.4	3.6
2017 年	37.9	33.1	4.8
2018 年	41.8	36.6	5.3
2019 年	43.4	38.2	5.1
2020 年	46.2	41.2	4.7
2020 年与 2016 年相比增长率/%	39.9	40.4	29.0

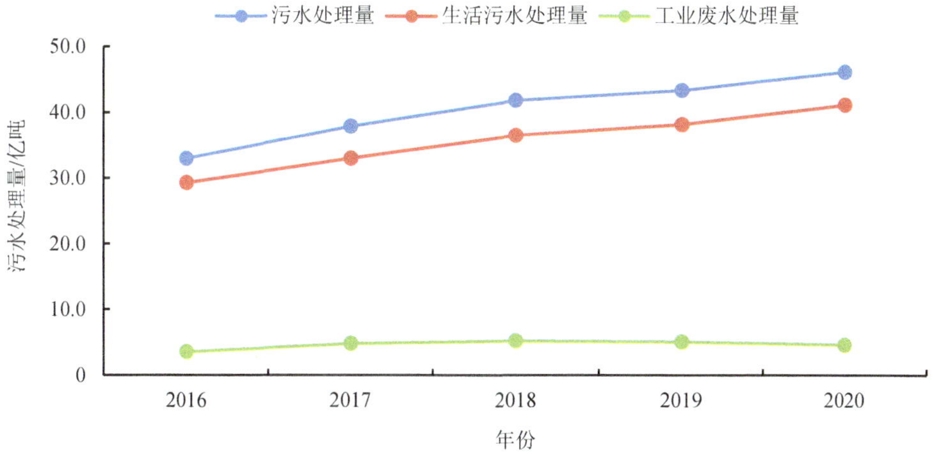

图 5-9 “十三五”期间全省污水处理变化情况

2020 年，生活污水处理量排名前 5 位的地区依次为郑州、洛阳、南阳、新乡和商丘。工业废水处理量排名前 5 位的地区依次为新乡、焦作、郑州、漯河和许昌。2020 年各地区污水处理情况见图 5-10。

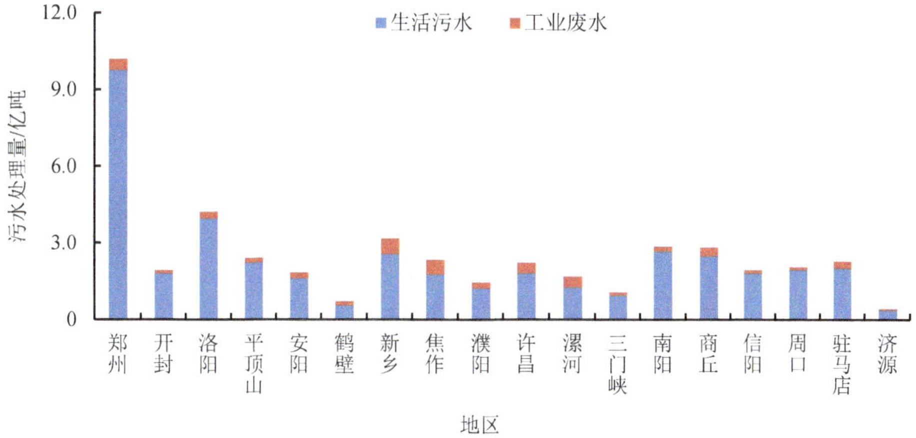

图 5-10 2020 年各地区污水处理情况

5.2.2 生活垃圾处理场（厂）情况

2020 年，全省纳入调查的生活垃圾处理场（厂）115 家，年运行费用 9.2 亿元。生活垃圾处理量 2 425.0 万吨，其中填埋量 2 041.0 万吨、堆肥量 9.3 万吨、焚烧处理量 320.9 万吨、生物分解处理量 19.7 万吨、其他方式处理量 34.1 万吨。废水（含渗滤液）中化学需氧量排放量 261.1 吨，氨氮排放量 47.9 吨；焚烧废气中二氧化硫排放量

147.0 吨，氮氧化物排放量 1 194.0 吨，颗粒物排放量 30.7 吨。

“十三五”期间，全省生活垃圾处理场（厂）垃圾处理量、填埋量均逐年上升，堆肥量波动上升，焚烧处理量先降后升，其他方式处理量波动下降。2020 年与 2016 年相比，全省生活垃圾处理场（厂）垃圾处理量、填埋量、堆肥量、焚烧处理量、其他方式处理量（与 2017 年相比）分别上升 74.7%、上升 67.1%、上升 83.8%、上升 98.2%、下降 41.3%。全省生活垃圾处理情况见表 5-4，全省生活垃圾处理变化情况见图 5-11。

表 5-4　“十三五”期间全省生活垃圾处理情况　　单位：万吨

年份	处理量				
		填埋量	堆肥量	焚烧处理量	其他方式处理量
2016 年	1 388.2	1 221.3	5.1	161.9	—
2017 年	1 657.2	1 521.3	7.3	144.8	58.1
2018 年	1 928.1	1 738.6	9.4	151.9	28.2
2019 年	2 205.1	1 862.7	9.1	255.6	77.7
2020 年	2 425.0	2 041.0	9.3	320.9	34.1
2020 年与 2016 年相比增长率/%	74.7	67.1	83.8	98.2	-41.3①

注：①其他方式处理量 2016 年未统计，因此采用 2020 年与 2017 年相比。

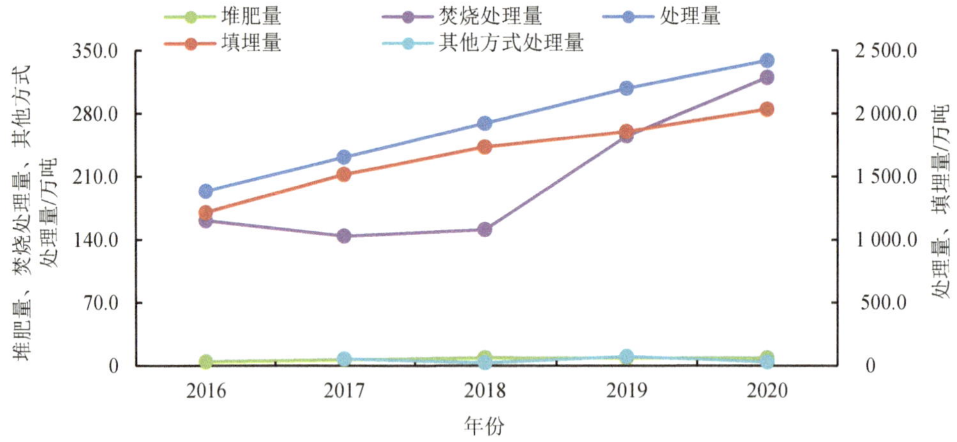

图 5-11　“十三五”期间全省生活垃圾处理变化情况

2020 年，生活垃圾处理量排名前 5 位的地区依次为郑州、驻马店、南阳、新乡和周口。填埋量排名前 5 位的地区依次为驻马店、南阳、新乡、周口和濮阳。2020 年各地区生活垃圾处理情况见图 5-12。

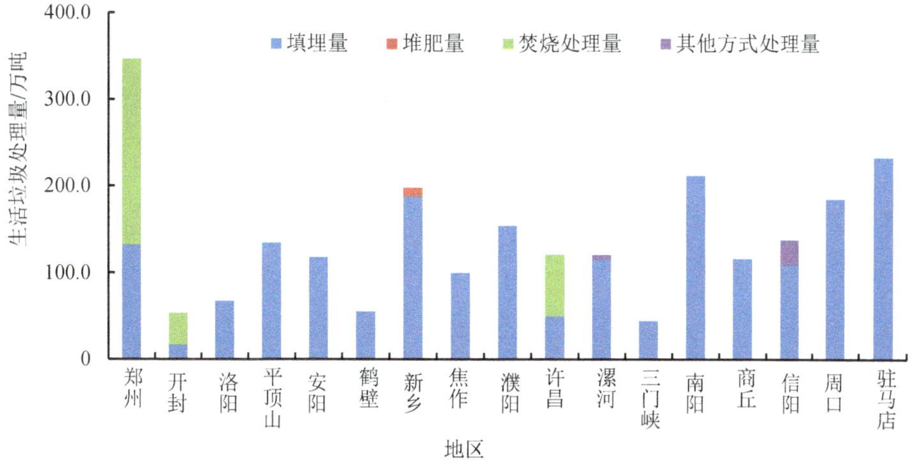

图 5-12　2020 年各地区生活垃圾处理情况

5.2.3　危险废物（医疗废物）集中处理厂情况

2020 年，全省纳入调查的危险废物集中处理厂 33 家，医疗废物集中处置厂 27 家，协同处置企业 6 家，年运行费用 6.0 亿元。危险废物利用处置量 49.5 万吨，其中危险废物综合利用量 30.1 万吨，处置量 19.4 万吨，处置量中工业危险废物 12.2 万吨、医疗废物 7.2 万吨、其他危险废物 0.04 万吨，处置量中填埋量 4.0 万吨、焚烧量 7.6 万吨。废水（含渗滤液）中化学需氧量排放量 2.2 吨，氨氮排放量 0.3 吨；焚烧废气中二氧化硫排放量 12.8 吨，氮氧化物排放量 49.7 吨，颗粒物排放量 5.4 吨。

“十三五”期间，全省危险废物利用处置量、工业危险废物处置量、其他危险废物处置量、危险废物综合利用量均先升后降，医疗废物处置量逐年上升。与 2016 年相比，2020 年全省危险废物利用处置量、工业危险废物处置量、医疗废物处置量、其他危险废物处置量、危险废物综合利用量分别上升 216.1%、60.7%、33.4%、0.6%、1 041.2%。全省危险废物（医疗废物）集中处置情况见表 5-5，全省危险废物（医疗废物）集中处置变化情况见图 5-13。

表 5-5　“十三五”期间全省危险废物（医疗废物）集中处置情况　　单位：万吨

年份	全省危险废物利用处置量	工业危险废物处置量	医疗废物处置量	其他危险废物处置量	危险废物综合利用量
2016 年	15.7	7.6	5.4	0.04	2.6
2017 年	38.1	10.0	5.9	2.4	19.7
2018 年	47.3	10.9	6.4	5.2	24.7

年份	全省危险废物利用处置量	工业危险废物处置量	医疗废物处置量	其他危险废物处置量	危险废物综合利用量
2019 年	72.3	32.2	6.8	1.6	31.8
2020 年	49.5	12.2	7.2	0.04	30.1
2020 年与 2016 年相比增长率/%	216.1	60.7	33.4	0.6	1 041.2

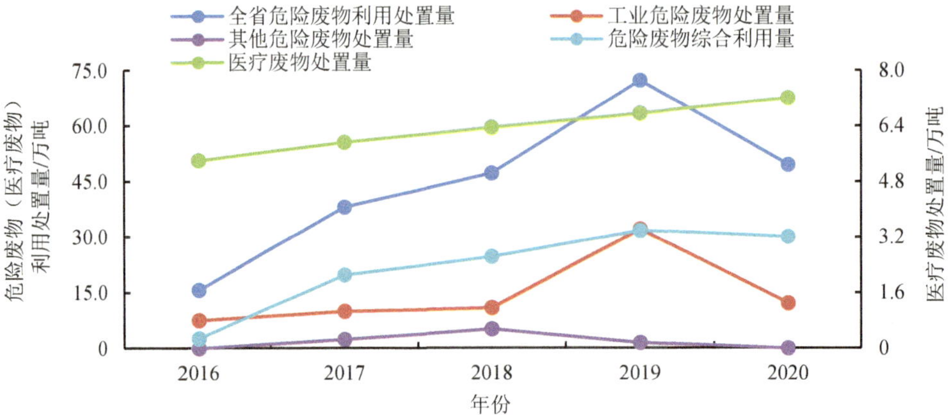

图 5-13 “十三五”期间全省危险废物(医疗废物)集中处置变化情况

2020 年，工业危险废物处置量排名前 5 位的地区依次为南阳、郑州、商丘、三门峡和濮阳。医疗废物处置量排名前 5 位的地区依次为郑州、南阳、周口、洛阳和新乡。危险废物综合利用量排名前 5 位的地区依次为郑州、洛阳、焦作、新乡和南阳。2020 年各地区危险废物（医疗废物）集中处置情况见图 5-14。

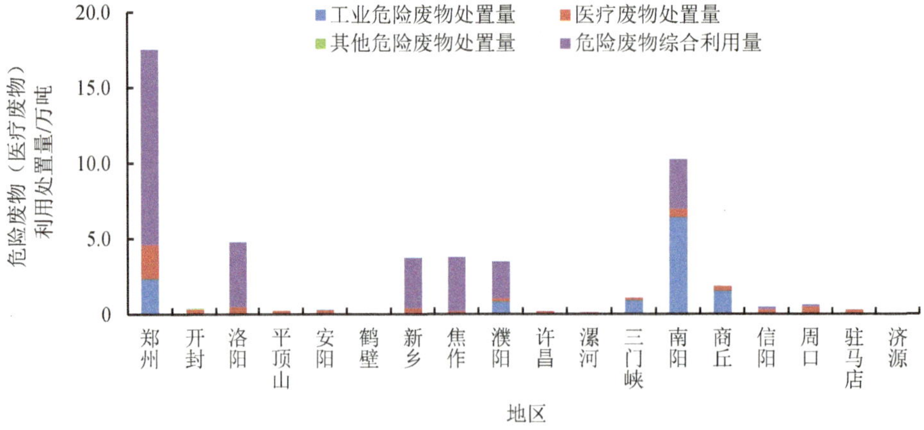

图 5-14 2020 年各地区危险废物（医疗废物）集中处置情况

6

各地区污染排放及治理统计

表 6-1-1 各地区主要污染物排放情况（化学需氧量）

单位：吨

地　区	化学需氧量排放量					工业源				
	2016 年	2017 年	2018 年	2019 年	2020 年	2016 年	2017 年	2018 年	2019 年	2020 年
河　南	313 814.0	288 546.5	270 019.5	251 854.1	1 445 681.8	39 269.5	23 879.6	21 005.0	18 026.7	16 008.9
郑　州	20 803.7	17 544.5	21 044.2	20 962.8	41 035.5	3 229.5	1 425.5	1 703.0	1 392.9	1 365.2
开　封	7 150.8	7 572.3	8 757.4	9 438.4	57 373.4	2 164.2	771.9	709.3	779.6	452.4
洛　阳	18 514.0	23 821.7	21 659.2	10 765.5	21 366.3	1 739.9	1 266.4	1 294.5	1 276.3	1 153.4
平顶山	19 090.5	17 780.1	13 988.2	9 429.1	34 381.2	2 208.8	1 061.3	1 089.3	797.0	803.8
安　阳	18 520.5	10 425.3	10 317.8	12 560.3	20 187.0	2 152.6	1 880.6	1 518.1	1 147.9	835.2
鹤　壁	9 588.5	5 682.4	6 070.0	6 656.5	12 406.9	1 559.9	817.2	800.7	622.9	530.5
新　乡	19 386.8	16 110.0	15 234.8	13 896.3	31 881.8	3 675.6	2 844.8	2 446.7	2 062.6	2 134.7
焦　作	10 468.4	8 173.9	6 191.4	5 994.0	13 722.3	2 780.2	1 442.4	1 260.9	1 071.0	1 486.9
濮　阳	8 512.6	7 865.3	7 197.0	9 002.2	20 627.4	1 837.8	997.2	732.0	724.0	901.0
许　昌	8 454.2	7 750.0	7 568.0	6 091.8	17 645.3	812.4	696.8	512.8	515.3	1 220.0
漯　河	14 633.7	15 275.2	12 588.3	11 353.8	11 537.8	2 659.3	2 115.7	1 601.4	1 154.0	1 336.4
三门峡	5 492.9	4 963.7	5 304.6	4 425.3	7 314.5	1 136.0	853.1	902.3	653.4	302.9
南　阳	44 629.1	40 784.3	38 277.9	34 921.1	101 747.6	2 685.6	1 849.5	1 572.0	1 388.1	1 237.9
商　丘	20 043.3	15 031.2	15 053.0	17 198.1	46 687.1	2 221.4	1 163.4	1 404.0	1 258.7	599.9
信　阳	33 722.8	34 197.1	33 063.6	33 401.0	53 929.8	1 294.4	728.7	660.1	925.0	161.2
周　口	25 088.3	20 117.4	21 396.1	25 691.4	71 928.5	1 889.7	1 450.1	1 042.6	684.6	565.5
驻马店	23 599.1	21 538.2	20 190.4	15 146.2	25 456.6	4 201.1	1 473.4	1 212.5	1 102.0	699.1
济　源	6 115.1	7 140.5	6 117.7	4 920.3	5 679.9	1 021.0	1 041.3	542.9	471.3	222.8

地区	化学需氧量排放量														
	农业源[①]					生活源					集中式污染治理设施				
	2016年	2017年	2018年	2019年	2020年	2016年	2017年	2018年	2019年	2020年	2016年	2017年	2018年	2019年	2020年
河　南	27 111.9	6 773.3	4 552.0	6 187.9	850 773.0	246 259.5	257 387.2	244 271.7	227 548.7	578 636.6	1 173.1	506.4	190.9	90.8	263.4
郑　州	202.8	10.6	11.0	0	—	17 327.6	16 095.9	19 322.4	19 565.6	39 631.4	43.7	23.1	7.8	4.3	38.9
开　封	1 037.5	126.6	360.1	648.3	—	3 906.0	6 786.7	7 679.8	7 989.4	56 917.1	43.0	13.7	8.2	21.0	3.9
洛　阳	372.6	0	0.5	2.0	—	16 306.2	22 546.3	20 360.2	9 485.3	20 210.4	95.3	9.0	4.0	1.9	2.5
平顶山	0	407.6	14.6	59.5	—	16 839.1	16 711.5	12 882.0	8 571.6	33 575.6	42.6	7.3	2.4	1.0	1.8
安　阳	5 253.5	86.6	561.5	0.4	—	11 032.3	8 498.4	8 222.1	11 406.1	19 308.1	82.1	46.3	16.1	5.8	43.8
鹤　壁	3 259.1	14.9	241.4	406.2	—	4 766.0	4 864.0	5 027.5	5 627.2	11 874.8	3.5	1.2	0.5	0.2	1.5
新　乡	2 962.0	93.0	553.0	106.3	—	12 727.9	13 261.4	12 233.9	11 726.7	29 623.6	21.3	3.8	1.3	0.7	123.4
焦　作	4 273.9	0.2	0	45.3	—	3 406.7	6 728.8	4 929.5	4 876.9	12 233.9	7.7	2.7	1.0	0.8	1.5
濮　阳	0	0	0	0.2	—	6 643.7	6 860.8	6 462.3	8 276.5	19 722.1	31.1	7.3	2.7	1.4	4.3
许　昌	0	0	122.2	443.7	—	7 535.9	6 994.8	6 912.8	5 125.1	16 423.7	105.9	58.3	20.2	7.7	1.7
漯　河	36.5	275.8	136.8	74.5	—	11 936.2	13 159.5	10 849.8	10 124.2	10 200.7	1.6	0	0.4	1.1	0.7
三门峡	0	95.5	0	6.4	—	4 339.8	4 107.9	4 401.7	3 765.3	7 010.6	17.1	2.8	0.5	0.3	1.0
南　阳	3 161.6	2 632.9	0	2.7	—	38 541.1	38 801.9	36 676.1	33 519.1	100 503.1	240.8	132.8	29.8	11.2	6.6
商　丘	1 752.2	583.4	308.1	2 545.3	—	16 008.2	13 847.9	13 329.3	13 389.1	46 081.4	61.5	19.9	11.6	5.0	5.8
信　阳	101.7	369.3	451.2	178.5	—	32 301.5	33 464.8	31 947.0	32 291.3	53 758.3	25.2	3.6	5.2	6.2	10.4
周　口	4 557.6	2 075.5	1 723.3	1 667.1	—	18 338.8	18 504.1	18 570.8	23 327.7	71 360.4	302.1	163.1	59.4	12.0	2.5
驻马店	122.2	1.4	68.4	1.6	—	19 227.3	20 053.4	18 889.8	14 032.7	24 744.4	48.5	11.4	19.7	10.0	13.1
济　源	18.8	0	0	0	—	5 075.2	6 099.2	5 574.8	4 448.9	5 457.1	0.1	0	0.1	0.2	0

注：①农业源数据：2016—2019 年为市级大型畜禽养殖场统计调查数据，2020 年为省级种植业、畜禽养殖业和水产养殖业统计数据。

表 6-1-2 各地区主要污染物排放情况（氨氮）

单位：吨

地　区	氨氮排放量					工业源				
	2016 年	2017 年	2018 年	2019 年	2020 年	2016 年	2017 年	2018 年	2019 年	2020 年
河　南	27 122.4	25 471.0	22 996.5	20 592.0	46 344.4	1 542.9	1 078.6	1 014.6	946.0	790.5
郑　州	2 878.3	2 234.7	2 493.0	2 305.5	1 527.8	94.3	28.4	35.1	38.5	46.0
开　封	447.6	640.1	618.1	844.1	4 830	85.3	37.6	36.0	39.2	39.9
洛　阳	1 347.8	1 425.5	729.0	660.0	770.2	65.0	51.1	61.5	69.3	61.8
平顶山	1 845.5	1 616.6	1 226.5	1 090.6	3 346.6	70.1	28.0	42.8	30.3	56.8
安　阳	1 121.9	946.3	954.6	869.9	579.7	81.5	67.9	42.7	38.7	35.1
鹤　壁	488.4	387.1	422.2	437.3	785.8	39.7	32.7	40.6	24.9	18.3
新　乡	1 355.5	1 083.1	1 004.9	983.4	1 154.0	136.4	136.1	124.3	103.9	80.4
焦　作	408.1	707.7	652.1	719.5	729.1	154.5	98.2	66.4	68.5	109.2
濮　阳	676.0	511.2	486.0	247.5	263.9	87.3	36.5	35.2	27.9	45.4
许　昌	756.5	566.9	546.3	512.0	710.5	33.8	30.5	20.8	17.4	43.1
漯　河	1 228.5	1 499.9	1 279.4	1 122.5	1 138.5	44.5	37.9	34.3	30.2	44.4
三门峡	499.3	460.8	453.4	246.8	183.6	139.2	109.2	134.5	161.9	10.0
南　阳	4 102.1	4 107.6	3 529.9	2 969.2	7 725.9	48.2	48.5	49.8	41.8	48.7
商　丘	1 357.9	1 066.2	983.2	943.2	1 757.1	78.6	36.0	50.9	53.4	35.5
信　阳	3 545.0	3 354.1	3 072.2	2 461.7	3 752.1	35.6	26.8	25.7	28.1	11.0
周　口	2 149.3	1 854.8	1 882.1	1 957.2	4 741.6	54.7	26.7	23.9	24.0	49.7
驻马店	2 005.0	1 894.8	1 765.4	1 516.7	693.1	212.1	200.2	141.2	120.9	43.2
济　源	909.8	956.7	898.3	704.8	642.9	81.8	46.2	48.9	26.9	12.1

地　区	氨氮排放量														
	农业源[①]					生活源					集中式污染治理设施				
	2016 年	2017 年	2018 年	2019 年	2020 年	2016 年	2017 年	2018 年	2019 年	2020 年	2016 年	2017 年	2018 年	2019 年	2020 年
河　南	402.0	157.0	117.2	148.7	11 012.0	25 099.1	24 198.6	21 850.9	19 488.2	34 493.8	78.5	36.8	13.8	9.0	48.2
郑　州	9.2	1.7	1.7	0	—	2 769.6	2 203.1	2 455.2	2 266.4	1 480.2	5.2	3.1	1.0	0.7	1.7
开　封	13.0	3.9	5.4	3.5	—	342.5	600.7	575.9	800.3	4 789.3	6.7	1.8	0.8	1.1	0.8
洛　阳	4.0	0	0.1	0.4	—	1 274.7	1 372.4	666.8	589.9	708.0	4.0	1.9	0.6	0.4	0.5
平顶山	0	9.2	0.4	0.8	—	1 770.8	1 586.9	1 182.9	1 059.2	3 289.5	4.6	1.7	0.5	0.3	0.4
安　阳	45.7	13.2	13.0	0.1	—	980.2	870.1	896.3	829.8	535.6	14.5	8.2	2.6	1.2	9.0
鹤　壁	37.3	0.6	5.0	13.2	—	410.9	354.2	376.6	399.2	767.1	0.4	0.2	0.1	0	0.4
新　乡	28.3	6.8	15.5	3.3	—	1 190.3	946.2	864.8	876.1	1 047.4	0.6	0.9	0.2	0.1	26.3
焦　作	38.3	0	0	0.5	—	214.4	609.0	585.5	650.4	619.5	0.9	0.5	0.2	0.2	0.3
濮　阳	0	0	0	0	—	585.7	473.1	450.2	219.3	216.8	2.9	1.5	0.5	0.3	1.8
许　昌	0	0	1.4	18.8	—	717.9	533.8	523.4	475.5	667.2	4.8	2.6	0.8	0.4	0.1
漯　河	4.6	2.9	7.6	7.4	—	1 179.0	1 462.0	1 237.4	1 084.8	1 094.0	0.4	0	0	0.1	0
三门峡	0	0.1	0	0.1	—	358.6	351.1	318.6	84.7	173.3	1.5	0.6	0.3	0.1	0.3
南　阳	34.2	12.6	0	0	—	4 016.6	4 055.8	3 479.0	2 926.8	7 675.9	3.2	3.3	1.0	0.5	1.4
商　丘	52.8	21.9	11.5	57.2	—	1 221.4	1 028.6	920.0	832.0	1 719.8	5.1	1.6	0.9	0.5	1.7
信　阳	23.1	34.0	15.5	9.5	—	3 482.9	3 326.6	3 030.3	2 422.3	3 739.6	3.4	0.8	0.6	1.8	1.5
周　口	96.9	49.7	39.2	33.7	—	1 980.9	1 821.0	1 816.2	1 898.9	4 691.7	16.7	7.2	2.8	0.7	0.1
驻马店	14.0	0.3	0.9	0.3	—	1 775.2	1 693.7	1 622.3	1 394.8	647.9	3.8	0.9	1.0	0.7	1.9
济　源	0.6	0	0	0	—	827.4	910.5	849.4	677.9	630.8	0	0	0	0	0

注：①农业源数据：2016—2019 年为市级大型畜禽养殖场统计调查数据，2020 年为省级种植业、畜禽养殖业和水产养殖业统计数据。

表 6-1-3　各地区主要污染物排放情况（二氧化硫）

单位：吨

地　区	二氧化硫排放量					工业源				
	2016 年	2017 年	2018 年	2019 年	2020 年	2016 年	2017 年	2018 年	2019 年	2020 年
河　南	386 461.5	139 810.7	122 672.4	104 386.7	66 754.0	370 877.8	130 650.4	113 707.4	96 567.1	56 958.0
郑　州	31 524.6	16 324.5	16 713.2	15 621.8	5 682.8	29 270.1	15 298.3	15 425.2	15 213.4	5 465.3
开　封	16 884.6	2 013.1	1 441.4	1 180.7	1 290.9	16 294.4	1 995.6	1 331.4	1 083.3	1 290.8
洛　阳	34 167.4	19 690.2	15 569.2	14 272.8	7 246.6	32 651.9	19 019.9	14 647.1	13 381.5	5 596.5
平顶山	21 489.6	7 795.0	7 526.0	5 567.8	6 499.2	20 713.7	7 065.4	6 982.4	5 073.5	5 129.1
安　阳	40 939.2	16 791.3	12 966.8	8 888.2	9 067.4	39 920.3	15 841.1	12 354.2	8 429.4	7 417.3
鹤　壁	8 830.5	2 195.1	1 870.1	2 074.8	1 693.4	8 504.0	1 706.1	1 675.1	1 816.0	1 693.4
新　乡	25 804.3	6 783.0	7 003.9	5 686.1	4 051.6	25 010.3	6 585.6	6 555.2	5 327.2	3 446.5
焦　作	21 013.3	12 277.7	9 806.6	8 109.6	3 969.7	20 377.6	11 554.3	9 449.7	7 707.3	3 634.4
濮　阳	5 969.8	1 641.8	1 755.4	1 733.6	1 315.4	5 080.8	1 474.6	1 217.9	1 275.1	1 315.3
许　昌	29 851.7	9 158.3	7 350.0	6 608.0	4 351.4	28 704.2	8 505.0	7 063.5	6 344.6	3 565.9
漯　河	10 620.8	2 441.9	1 107.1	943.4	724.9	10 201.6	2 070.1	961.3	820.1	558.4
三门峡	22 306.4	8 602.6	8 210.1	6 827.4	2 907.2	21 792.0	8 570.2	7 928.2	6 606.6	2 854.7
南　阳	34 506.4	8 638.4	7 519.2	6 756.9	4 554.3	32 920.2	7 451.7	6 363.7	5 191.2	2 860.3
商　丘	19 994.3	7 492.4	7 087.6	6 556.0	4 486.1	19 186.1	7 396.4	6 594.2	6 161.6	4 153.3
信　阳	13 378.5	4 940.6	6 100.7	6 021.5	2 642.7	12 844.0	4 623.3	5 591.7	5 553.8	2 395.2
周　口	10 693.9	2 200.7	2 154.1	1 776.2	2 426.7	9 881.0	2 063.8	1 607.9	1 346.8	2 134.1
驻马店	17 639.6	4 177.5	2 829.3	2 071.6	1 236.0	16 743.3	2 861.8	2 344.9	1 594.2	1 004.9
济　源	20 846.5	6 646.9	5 661.9	3 690.5	2 607.5	20 782.2	6 567.2	5 613.8	3 641.4	2 442.5

地 区	二氧化硫排放量									
	生活源					集中式污染治理设施				
	2016 年	2017 年	2018 年	2019 年	2020 年	2016 年	2017 年	2018 年	2019 年	2020 年
河 南	15 562.0	9 145.2	8 951.0	7 807.0	9 636.2	21.7	15.0	14.0	12.6	159.8
郑 州	2 244.3	1 016.7	1 279.1	402.2	110.7	10.3	9.5	8.9	6.2	106.8
开 封	590.0	17.5	110.0	97.3	0.1	0.1	0	0.1	0.1	0
洛 阳	1 513.3	668.9	921.1	890.4	1 650.1	2.2	1.3	1.1	0.9	0
平顶山	775.9	729.6	543.6	494.3	1 370.2	0	0	0	0	0
安 阳	1 018.0	949.6	612.0	455.3	1 650.1	0.8	0.5	0.5	3.5	0
鹤 壁	326.5	488.9	195.0	258.8	0.1	0	0	0	0	0
新 乡	794.0	197.4	448.7	358.9	605.1	0	0	0	0	0
焦 作	635.0	722.7	356.9	402.3	335.3	0.7	0.7	0.1	0.1	0
濮 阳	888.7	167.3	537.5	458.4	0.1	0.4	0	0	0	0
许 昌	1 147.5	653.3	286.5	263.4	739.6	0	0	0	0	45.9
漯 河	418.4	371.8	145.8	123.2	166.5	0.9	0	0	0	0
三门峡	514.4	32.4	281.9	220.8	52.5	0	0	0	0	0
南 阳	1 582.1	1 186.7	1 155.4	1 565.7	1 688.6	4.1	0	0	0.1	5.4
商 丘	808.0	95.8	492.5	393.5	332.8	0.2	0.2	0.8	0.8	0
信 阳	534.5	317.3	509.0	467.7	247.5	0	0	0	0	0
周 口	810.8	134.1	543.7	428.4	291.0	2.1	2.8	2.5	1.0	1.7
驻马店	896.3	1 315.7	484.4	477.4	231.1	0	0	0	0	0
济 源	64.3	79.7	48.1	49.1	165.0	0	0	0	0	0

表 6-1-4　各地区主要污染物排放情况（氮氧化物）

单位：吨

地　区	氮氧化物排放量					工业源				
	2016 年	2017 年	2018 年	2019 年	2020 年	2016 年	2017 年	2018 年	2019 年	2020 年
河　南	820 924.1	693 939.9	655 966.8	607 683.7	545 489.3	348 283.4	214 377.9	171 015.4	134 570.1	103 426.0
郑　州	43 773.0	31 036.4	26 215.4	22 274.8	83 900.5	40 876.2	27 903.9	23 786.6	20 479.1	12 328.6
开　封	10 778.9	3 106.6	2 670.0	2 110.9	12 496.1	10 259.3	3 067.6	2 227.5	1 752.6	1 973.7
洛　阳	35 763.3	20 516.0	15 954.1	11 850.8	27 023.8	34 592.5	20 039.3	15 173.5	11 111.3	11 144.1
平顶山	29 371.9	17 449.5	12 670.3	7 091.4	37 532.8	28 669.3	16 583.3	12 133.5	6 518.1	6 469.9
安　阳	40 641.5	35 975.6	25 312.4	19 945.2	45 834.4	39 768.3	35 309.4	24 612.7	19 543.7	15 871.0
鹤　壁	8 082.6	4 508.4	3 982.8	3 632.9	19 033.0	7 678.5	3 901.2	3 718.9	3 226.0	2 926.6
新　乡	31 155.5	16 282.8	14 534.0	10 675.2	28 023.5	30 162.1	16 115.5	13 866.7	10 034.3	6 663.9
焦　作	21 349.4	12 163.1	11 353.6	8 434.5	42 080.5	20 516.9	11 310.5	10 840.1	7 753.8	6 552.0
濮　阳	6 865.4	2 732.9	2 493.2	2 323.7	25 393.7	6 118.0	2 545.5	1 999.9	1 896.7	2 544.8
许　昌	32 477.9	16 683.4	12 287.0	10 778.5	16 655.5	30 831.6	15 802.5	11 883.7	10 330.1	5 256.5
漯　河	5 273.8	2 683.1	1 486.9	1 298.5	15 348.1	4 943.7	2 067.0	1 318.6	1 123.9	907.8
三门峡	16 330.3	9 073.9	7 582.7	6 932.8	31 363.4	16 043.6	9 043.1	7 372.0	6 757.1	5 487.6
南　阳	18 845.0	14 556.1	11 849.5	10 600.5	25 547.6	17 686.8	13 262.5	10 863.4	8 973.4	6 909.1
商　丘	15 853.1	8 185.1	7 162.1	6 906.4	42 200.0	15 110.1	8 037.7	6 629.1	6 470.4	3 803.1
信　阳	13 613.6	10 430.3	10 034.4	8 711.8	15 574.2	12 848.7	10 152.4	9 440.3	8 200.7	4 393.7
周　口	7 626.0	2 754.0	2 729.3	1 901.3	39 824.0	6 913.0	2 548.3	2 210.4	1 461.9	2 378.2
驻马店	10 344.1	6 679.7	4 893.2	4 135.5	30 432.3	9 225.9	5 708.6	4 418.8	3 566.5	2 183.3
济　源	16 190.2	11 063.2	8 620.6	5 456.3	7 225.8	16 039.0	10 979.7	8 519.6	5 370.6	5 632.0

地区	氮氧化物排放量														
	生活源					移动源[①]					集中式污染治理设施				
	2016年	2017年	2018年	2019年	2020年	2016年	2017年	2018年	2019年	2020年	2016年	2017年	2018年	2019年	2020年
河　南	15 986.0	11 453.6	10 770	10 435.0	6 457.8	456 588.8	468 060.0	474 135.2	462 622.9	434 361.8	65.9	48.4	46.2	55.7	1 243.7
郑　州	2 851.0	3 094.8	2 393.0	1 752.4	1 650.7	—	—	—	—	69 102.0	45.7	37.6	35.8	43.4	819.1
开　封	519.4	39.0	442.3	358.0	140.4	—	—	—	—	10 382.0	0.2	0	0.2	0.3	0
洛　阳	1 166.8	474.0	778.1	736.8	515.1	—	—	—	—	15 364.6	4.0	2.8	2.4	2.7	0
平顶山	702.6	866.2	536.8	573.4	513.1	—	—	—	—	30 549.8	0	0	0	0	0
安　阳	871.3	664.5	697.9	399.1	594.0	—	—	—	—	29 369.4	1.9	1.7	1.8	2.4	0
鹤　壁	404.1	607.2	263.9	406.9	139.8	—	—	—	—	15 966.6	0	0	0	0	0
新　乡	993.4	167.2	667.4	640.8	253.0	—	—	—	—	21 106.6	0	0	0	0	0
焦　作	831.3	851.6	513.3	680.6	262.5	—	—	—	—	35 266.0	1.1	1.1	0.1	0.1	0
濮　阳	747.2	187.4	493.3	427.0	192.2	—	—	—	—	22 656.7	0.2	0	0	0	0
许　昌	1 646.3	880.9	403.3	448.4	449.9	—	—	—	—	10 563.5	0	0	0	0	385.7
漯　河	328.4	616.0	168.3	174.6	189.3	—	—	—	—	14 250.9	1.7	0	0	0	0
三门峡	286.7	30.8	210.7	175.7	33.2	—	—	—	—	25 842.7	0	0	0	0	0
南　阳	1 155.1	1 293.6	986.0	1 626.1	484.9	—	—	—	—	18 123.0	3.1	0	0.1	1.0	30.5
商　丘	741.9	146.4	530.8	433.9	235.6	—	—	—	—	38 161.0	1.1	1.1	2.1	2.1	0.3
信　阳	764.9	277.9	594.1	511.1	103.6	—	—	—	—	11 077.0	0	0	0	0	0
周　口	706.2	201.6	515.2	435.7	330.5	—	—	—	—	37 107.4	6.8	4.1	3.7	3.7	8.0
驻马店	1 118.2	971.1	474.4	569.0	269.4	—	—	—	—	27 979.5	0	0	0	0	0
济　源	151.1	83.5	101.1	85.7	100.6	—	—	—	—	1 493.2	0	0	0	0	0

注：①移动源数据：2016—2019 年为省级统计调查数据，2020 年为地市级统计调查数据。

表 6-1-5 各地区主要污染物排放情况（颗粒物）

单位：吨

地区	颗粒物排放量					工业源				
	2016 年	2017 年	2018 年	2019 年	2020 年	2016 年	2017 年	2018 年	2019 年	2020 年
河　南	380 623.0	256 800.8	214 853.5	175 250.9	85 764.7	323 629.2	218 293.4	182 920.4	149 996.1	60 790.7
郑　州	49 838.9	32 587.0	24 822.5	17 173.3	9 154.4	43 387.3	27 340.9	20 483.8	16 233.4	7 690.4
开　封	19 612.7	5 661.7	3 194.8	3 192.7	767.0	17 584.1	5 607.4	2 934.8	2 939.6	394.0
洛　阳	25 288.2	20 730.6	17 646.0	14 854.7	11 149.5	21 550.1	19 968.2	15 752.5	13 196.0	7 973.3
平顶山	22 578.4	15 986.6	10 436.9	8 215.2	14 552.1	19 715.9	14 405.2	8 828.4	6 357.4	11 472.8
安　阳	39 248.7	30 963.2	27 827.5	17 891.5	11 461.3	35 024.3	29 248.0	26 569.9	17 568.4	7 955.4
鹤　壁	6 625.2	3 195.5	2 041.0	2 466.7	1 199.6	5 657.3	1 828.4	1 567.1	1 583.5	940.5
新　乡	24 319.0	13 094.4	13 606.0	12 975.2	5 558.9	22 063.1	12 401.7	12 545.5	12 039.9	3 243.6
焦　作	14 902.3	8 717.1	5 955.5	6 694.6	3 779.6	13 278.0	7 035.4	5 297.0	5 926.1	2 864.6
濮　阳	8 413.0	2 736.0	3 169.3	4 712.6	904.6	6 140.9	2 463.0	1 873.4	3 662.0	677.2
许　昌	31 093.2	29 207.6	18 838.3	15 449.0	5 133.2	28 689.8	26 965.7	18 014.9	14 518.8	3 635.9
漯　河	7 754.4	5 612.4	3 023.6	2 745.5	735.7	6 795.0	5 015.2	2 877.5	2 578.3	170.9
三门峡	11 326.5	6 589.3	5 873.3	4 516.9	1 248.8	10 271.8	6 556.2	5 187.1	3 939.5	1 009.6
南　阳	23 437.9	16 013.1	14 521.5	13 882.7	6 956.2	19 165.9	11 612.7	11 611.3	8 953.2	3 634.8
商　丘	16 411.5	13 585.4	20 420.9	17 958.6	3 180.5	14 404.1	12 820.2	19 864.6	17 486.3	2 135.8
信　阳	18 481.6	7 529.5	9 433.4	7 478.1	2 432.7	16 650.8	6 587.5	8 177.8	6 280.8	1 655.1
周　口	9 573.7	4 896.6	4 667.9	4 069.3	1 402.2	7 201.6	4 068.7	3 621.9	3 158.3	449.7
驻马店	26 182.6	17 155.0	11 394.2	8 627.9	2 411.9	24 032.8	14 831.0	10 164.5	6 960.6	1 475.7
济　源	12 109.7	9 628.8	7 658.3	6 702.4	3 736.5	12 016.5	9 537.8	7 548.6	6 613.9	3 411.4

地区	颗粒物排放量														
	生活源					移动源[①]					集中式污染治理设施				
	2016 年	2017 年	2018 年	2019 年	2020 年	2016 年	2017 年	2018 年	2019 年	2020 年	2016年	2017年	2018年	2019年	2020年
河南	43 540.8	25 584.8	21 600.0	19 600.0	17 932.1	13 425.5	12 911.1	10 322.8	5 643.9	7 005.9	27.5	11.6	10.3	10.9	36.1
郑州	6 438.9	5 239.2	4 332.7	933.7	349.3	—	—	—	—	1 087.2	12.7	6.9	6.0	6.2	27.4
开封	2 027.3	54.1	259.6	252.7	12.9	—	—	—	—	360.1	1.4	0.1	0.3	0.4	0
洛阳	3 736.3	761.9	1 893.1	1 658.3	3 017.0	—	—	—	—	159.2	1.7	0.6	0.4	0.4	0
平顶山	2 862.5	1 581.4	1 608.5	1 857.8	2 512.9	—	—	—	—	566.4	0	0	0	0	0
安阳	4 219.6	1 714.8	1 257.2	322.2	3 024.2	—	—	—	—	481.7	4.7	0.4	0.4	0.9	0
鹤壁	967.9	1 367.1	474.0	883.2	12.8	—	—	—	—	246.3	0	0	0	0	0
新乡	2 255.9	692.6	1 060.5	935.3	1 112.1	—	—	—	—	1 203.2	0	0	0	0	0
焦作	1 622.3	1 679.6	656.4	766.4	627.4	—	—	—	—	287.6	2.1	2.1	2.1	2.1	0
濮阳	2 272.0	273.0	1 295.9	1 050.6	17.6	—	—	—	—	209.8	0	0	0	0	0
许昌	2 403.5	2 241.9	823.4	930.2	1 372.1	—	—	—	—	120.6	0	0	0	0	4.7
漯河	959.3	597.1	146.1	167.2	316.8	—	—	—	—	248.0	0.2	0	0	0	0
三门峡	1 054.7	33.2	686.2	577.3	97.6	—	—	—	—	141.6	0	0	0	0	0
南阳	4 271.1	4 400.4	2 910.2	4 929.3	3 083.5	—	—	—	—	234.4	0.9	0	0	0.2	3.5
商丘	2 007.2	765.0	556.2	472.2	620.5	—	—	—	—	424.1	0.1	0.1	0.1	0.1	0.1
信阳	1 830.8	942.0	1 255.6	1 197.3	455.0	—	—	—	—	322.7	0	0	0	0	0
周口	2 368.6	826.4	1 045.1	910.5	553.8	—	—	—	—	398.2	3.6	1.4	0.9	0.5	0.4
驻马店	2 149.8	2 324.0	1 229.7	1 667.4	440.5	—	—	—	—	495.8	0	0	0	0	0
济源	93.2	91.0	109.7	88.5	306.2	—	—	—	—	18.9	0	0	0	0	0

注：①移动源数据：2016—2019 年为省级统计调查数据，2020 年为地市级统计调查数据。

表 6-2　各地区工业源废水中污染物排放情况

地　区	化学需氧量/吨					氨氮/吨				
	2016 年	2017 年	2018 年	2019 年	2020 年	2016 年	2017 年	2018 年	2019 年	2020 年
河　南	39 269.5	23 879.6	21 005.0	18 026.7	16 008.9	1 542.9	1 078.6	1 014.6	946.0	790.5
郑　州	3 229.5	1 425.5	1 703.0	1 392.9	1 365.2	94.3	28.4	35.1	38.5	46.0
开　封	2 164.2	771.9	709.3	779.6	452.4	85.3	37.6	36.0	39.2	39.9
洛　阳	1 739.9	1 266.4	1 294.5	1 276.3	1 153.4	65.0	51.1	61.5	69.3	61.8
平顶山	2 208.8	1 061.3	1 089.3	797.0	803.8	70.1	28.0	42.8	30.3	56.8
安　阳	2 152.6	1 880.6	1 518.1	1 147.9	835.2	81.5	67.9	42.7	38.7	35.1
鹤　壁	1 559.9	817.2	800.7	622.9	530.5	39.7	32.7	40.6	24.9	18.3
新　乡	3 675.6	2 844.8	2 446.7	2 062.6	2 134.7	136.4	136.1	124.3	103.9	80.4
焦　作	2 780.2	1 442.4	1 260.9	1 071.0	1 486.9	154.5	98.2	66.4	68.5	109.2
濮　阳	1 837.8	997.2	732.0	724.0	901.0	87.3	36.5	35.2	27.9	45.4
许　昌	812.4	696.8	512.8	515.3	1 220.0	33.8	30.5	20.8	17.4	43.1
漯　河	2 659.3	2 115.7	1 601.4	1 154.0	1 336.4	44.5	37.9	34.3	30.2	44.4
三门峡	1 136.0	853.1	902.3	653.4	302.9	139.2	109.2	134.5	161.9	10.0
南　阳	2 685.6	1 849.5	1 572.0	1 388.1	1 237.9	48.2	48.5	49.8	41.8	48.7
商　丘	2 221.4	1 163.4	1 404.0	1 258.7	599.9	78.6	36.0	50.9	53.4	35.5
信　阳	1 294.4	728.7	660.1	925.0	161.2	35.6	26.8	25.7	28.1	11.0
周　口	1 889.7	1 450.1	1 042.6	684.6	565.5	54.7	26.7	23.9	24.0	49.7
驻马店	4 201.1	1 473.4	1 212.5	1 102.0	699.1	212.1	200.2	141.2	120.9	43.2
济　源	1 021.0	1 041.3	542.9	471.3	222.8	81.8	46.2	48.9	26.9	12.1

地　区	总氮/吨					总磷/吨				
	2016 年	2017 年	2018 年	2019 年	2020 年	2016 年	2017 年	2018 年	2019 年	2020 年
河　南	7 480.4	5 483.7	5 483.1	5 191.0	5 363.5	446.6	183.9	125.8	118.4	129.9
郑　州	554.3	294.6	302.5	433.0	504.5	11.9	8.2	7.8	6.2	9.3
开　封	332.7	254.3	255.7	160.1	146.9	16.8	7.0	5.4	3.5	5.5
洛　阳	290.5	220.7	249.1	289.0	397.3	3.5	16.8	4.3	3.8	6.9
平顶山	166.3	116.9	197.2	252.2	274.9	11.8	3.2	2.1	2.1	2.8
安　阳	297.0	258.6	244.2	191.0	208.8	70.6	15.5	8.7	6.1	6.2
鹤　壁	180.9	78.5	104.2	91.1	154.8	5.3	4.8	3.3	3.6	6.9
新　乡	1 381.5	930.7	868.9	511.4	721.7	61.8	16.9	15.3	10.4	15.7
焦　作	864.4	517.7	513.9	738.7	574.0	14.6	13.0	6.4	4.7	15.2
濮　阳	315.9	195.5	200.3	192.7	284.8	15.3	8.8	5.7	3.9	5.3
许　昌	147.3	128.5	101.8	101.4	385.3	3.7	3.1	2.4	2.4	7.7
漯　河	270.1	194.2	270.8	217.8	403.8	8.8	15.9	10.6	10.3	11.1
三门峡	456.4	536.2	472.6	272.9	87.5	1.2	1.6	0.7	1.5	2.4
南　阳	169.0	129.6	135.7	139.8	287.1	78.5	18.5	8.9	8.5	10.1
商　丘	413.0	252.4	307.3	355.2	198.3	26.4	8.0	10.6	13.8	6.3
信　阳	207.8	118.5	159.7	195.9	114.4	9.8	10.7	9.6	13.9	3.7
周　口	478.8	522.5	404.9	345.0	157.0	38.6	10.9	6.8	7.3	5.4
驻马店	688.2	605.7	575.3	561.0	391.3	64.8	12.4	11.6	9.9	7.8
济　源	266.3	128.8	119.0	142.8	71.0	3.0	8.4	5.8	6.5	1.6

地区	石油类/吨					挥发酚/千克				
	2016 年	2017 年	2018 年	2019 年	2020 年	2016 年	2017 年	2018 年	2019 年	2020 年
河南	161.4	154.0	103.8	96.8	46.5	3 301.8	2 728.3	1 472.5	1 414.1	650.9
郑州	30.7	26.4	21.0	21.4	10.1	0.01	1.2	0.03	0.05	0.7
开封	7.3	7.8	4.0	4.5	0.1	178.2	179.1	210.4	5.6	4.1
洛阳	11.2	14.6	12.6	17.1	1.8	172.5	90.4	108.3	87.8	4.5
平顶山	18.7	11.7	8.4	6.9	6.4	1.4	0.3	0	0	286.3
安阳	3.4	3.6	1.6	0.9	2.0	421.0	436.1	89.9	92.8	38.9
鹤壁	0.9	0.7	0.7	4.7	0.9	559.1	558.2	10.9	3.6	0.2
新乡	18.3	25.1	9.3	5.0	3.0	449.0	358.1	1.9	129.2	0.1
焦作	6.8	9.5	6.7	5.2	3.9	34.7	31.0	82.3	82.7	65.1
濮阳	9.7	5.2	5.1	5.9	4.8	141.5	158.5	143.5	189.2	175.6
许昌	8.1	1.7	4.8	4.6	5.7	0	0	0	0	0.3
漯河	0.2	0.6	0	0.2	0.2	0	0	0	0.01	0
三门峡	26.0	22.8	18.3	10.7	0.5	1 190.0	738.9	647.7	672.4	0
南阳	4.6	3.4	2.6	2.2	2.5	0	1.0	12.6	57.1	9.4
商丘	2.0	8.1	3.2	3.4	3.3	2.6	1.5	44.4	56.1	64.0
信阳	3.1	1.1	0.6	0.2	0.5	0	0	0	0	0
周口	2.0	3.7	1.6	1.7	0.6	31.6	31.7	25.1	20.3	0
驻马店	6.2	4.2	0.9	1.4	0.2	120.0	142.2	95.3	17.3	0
济源	2.4	3.9	2.4	0.8	0	0.03	0	0	0	1.9

地　区	氰化物/千克					重金属/千克				
	2016 年	2017 年	2018 年	2019 年	2020 年	2016 年	2017 年	2018 年	2019 年	2020 年
河　南	1 087.7	1 494.9	1 373.4	1 372.9	475.1	4 523.4	4 048.7	3 691.1	3 784.2	1 279.8
郑　州	1.8	2.0	1.2	1.2	2.6	100.7	128.4	116.1	129.0	46.7
开　封	139.7	260.5	234.3	73.9	0.02	34.1	93.2	57.8	52.3	1.7
洛　阳	21.6	43.8	38.8	232.4	10.8	115.3	119.4	120.3	115.4	0.5
平顶山	6.7	0.3	0	0	162.9	506.0	506.7	508.5	528.2	0.3
安　阳	70.0	123.3	299.2	269.1	57.1	131.4	55.7	68.7	17.3	0
鹤　壁	8.3	0	0.5	0.1	0	35.5	35.7	35.5	35.5	0
新　乡	252.8	488.2	46.9	166.2	0.2	246.5	249.5	228.0	258.8	105.2
焦　作	20.0	41.8	35.0	24.1	42.7	807.6	701.4	622.9	798.4	623.1
濮　阳	7.1	6.5	2.4	2.7	8.5	108.8	89.3	128.2	115.9	55.2
许　昌	5.3	4.9	4.6	4.7	0.8	38.8	43.0	42.7	42.7	11.1
漯　河	0	0.01	0	0	0	0	0.1	0.2	0	0
三门峡	237.9	121.1	91.2	88.2	158.5	95.2	136.6	124.8	87.7	0.3
南　阳	0	0	0	0	0	43.0	7.9	12.6	6.5	15.6
商　丘	4.7	6.3	21.5	23.2	31.0	501.4	445.2	550.4	585.4	193.9
信　阳	0	0	0	0	0	21.9	3.7	7.7	6.3	2.6
周　口	173.8	195.6	144.6	143.1	0	667.5	149.8	143.7	179.1	36.4
驻马店	138.1	200.5	453.3	344.1	0	739.2	922.6	638.6	542.4	2.6
济　源	0.1	0	0	0	0	330.7	360.4	284.5	283.5	184.7

表 6-3　各地区工业源废气中污染物排放情况

单位：吨

地　区	二氧化硫					氮氧化物				
	2016 年	2017 年	2018 年	2019 年	2020 年	2016 年	2017 年	2018 年	2019 年	2020 年
河　南	370 877.8	130 650.4	113 707.4	96 567.1	56 958.0	348 283.4	214 377.9	171 015.4	134 570.1	103 426.0
郑　州	29 270.1	15 298.3	15 425.2	15 213.4	5 465.3	40 876.2	27 903.9	23 786.6	20 479.1	12 328.6
开　封	16 294.4	1 995.6	1 331.4	1 083.3	1 290.8	10 259.3	3 067.6	2 227.5	1 752.6	1 973.7
洛　阳	32 651.9	19 019.9	14 647.1	13 381.5	5 596.5	34 592.5	20 039.3	15 173.5	11 111.3	11 144.1
平顶山	20 713.7	7 065.4	6 982.4	5 073.5	5 129.1	28 669.3	16 583.3	12 133.5	6 518.1	6 469.9
安　阳	39 920.3	15 841.1	12 354.2	8 429.4	7 417.3	39 768.3	35 309.4	24 612.7	19 543.7	15 871.0
鹤　壁	8 504.0	1 706.1	1 675.1	1 816.0	1 693.4	7 678.5	3 901.2	3 718.9	3 226.0	2 926.6
新　乡	25 010.3	6 585.6	6 555.2	5 327.2	3 446.5	30 162.1	16 115.5	13 866.7	10 034.3	6 663.9
焦　作	20 377.6	11 554.3	9 449.7	7 707.3	3 634.4	20 516.9	11 310.5	10 840.1	7 753.8	6 552.0
濮　阳	5 080.8	1 474.6	1 217.9	1 275.1	1 315.3	6 118.0	2 545.5	1 999.9	1 896.7	2 544.8
许　昌	28 704.2	8 505.0	7 063.5	6 344.6	3 565.9	30 831.6	15 802.5	11 883.7	10 330.1	5 256.5
漯　河	10 201.6	2 070.1	961.3	820.1	558.4	4 943.7	2 067.0	1 318.6	1 123.9	907.8
三门峡	21 792.0	8 570.2	7 928.2	6 606.6	2 854.7	16 043.6	9 043.1	7 372.0	6 757.1	5 487.6
南　阳	32 920.2	7 451.7	6 363.7	5 191.2	2 860.3	17 686.8	13 262.5	10 863.4	8 973.4	6 909.1
商　丘	19 186.1	7 396.4	6 594.2	6 161.6	4 153.3	15 110.1	8 037.7	6 629.1	6 470.4	3 803.1
信　阳	12 844.0	4 623.3	5 591.7	5 553.8	2 395.2	12 848.7	10 152.4	9 440.3	8 200.7	4 393.7
周　口	9 881.0	2 063.8	1 607.9	1 346.8	2 134.1	6 913.0	2 548.3	2 210.4	1 461.9	2 378.2
驻马店	16 743.3	2 861.8	2 344.9	1 594.2	1 004.9	9 225.9	5 708.6	4 418.8	3 566.5	2 183.3
济　源	20 782.2	6 567.2	5 613.8	3 641.4	2 442.5	16 039.0	10 979.7	8 519.6	5 370.6	5 632.0

地区	颗粒物					挥发性有机物（VOCs）
	2016年	2017年	2018年	2019年	2020年	2020年
河南	323 629.2	218 293.4	182 920.4	149 996.1	60 790.7	23 055.1
郑州	43 387.3	27 340.9	20 483.8	16 233.4	7 690.4	4 620.6
开封	17 584.1	5 607.4	2 934.8	2 939.6	394.0	1 077.3
洛阳	21 550.1	19 968.2	15 752.5	13 196.0	7 973.3	2 991.6
平顶山	19 715.9	14 405.2	8 828.4	6 357.4	11 472.8	2 063.6
安阳	35 024.3	29 248.0	26 569.9	17 568.4	7 955.4	1 585.9
鹤壁	5 657.3	1 828.4	1 567.1	1 583.5	940.5	936.2
新乡	22 063.1	12 401.7	12 545.5	12 039.9	3 243.6	1 613.1
焦作	13 278.0	7 035.4	5 297.0	5 926.1	2 864.6	1 272.2
濮阳	6 140.9	2 463.0	1 873.4	3 662.0	677.2	2 402.3
许昌	28 689.8	26 965.7	18 014.9	14 518.8	3 635.9	703.4
漯河	6 795.0	5 015.2	2 877.5	2 578.3	170.9	269.4
三门峡	10 271.8	6 556.2	5 187.1	3 939.5	1 009.6	567.7
南阳	19 165.9	11 612.7	11 611.3	8 953.2	3 634.8	596.8
商丘	14 404.1	12 820.2	19 864.6	17 486.3	2 135.8	452.7
信阳	16 650.8	6 587.5	8 177.8	6 280.8	1 655.1	595.2
周口	7 201.6	4 068.7	3 621.9	3 158.3	449.7	309.6
驻马店	24 032.8	14 831.0	10 164.5	6 960.6	1 475.7	492.8
济源	12 016.5	9 537.8	7 548.6	6 613.9	3 411.4	504.6

表 6-4 各地区一般工业固体废物产生及利用处置情况

单位：万吨

地区	一般工业固体废物产生量					一般工业固体废物综合利用量					一般工业固体废物处置量				
	2016 年	2017 年	2018 年	2019 年	2020 年	2016 年	2017 年	2018 年	2019 年	2020 年	2016年	2017年	2018年	2019年	2020年
河　南	17 372.0	17 581.6	20 361.6	24 965.0	15 355.3	10 547.7	10 205.8	11 755.3	11 975.6	11 468.2	4 608.2	4 961.1	5 720.5	5 456.6	2 098.7
郑　州	1 843.4	1 395.0	1 568.2	1 574.7	1 295.4	1 313.6	968.7	892.3	987.0	1 061.0	248.9	356.7	472.5	214.5	192.2
开　封	160.8	114.7	203.4	154.7	102.0	145.5	100.6	180.6	113.8	100.1	6.3	14.1	14.6	17.4	1.8
洛　阳	3 606.0	4 677.5	5 963.7	10 372.6	4 618.2	1 092.9	907.6	3 706.4	4 432.3	3 458.6	2 195.5	3 303.8	2 219.9	2 625.6	224.9
平顶山	2 723.1	2 241.1	2 664.6	2 733.3	1 602.2	2 082.7	1 772.0	1 488.7	1 427.4	1 563.2	532.8	329.5	662.6	417.0	10.8
安　阳	958.8	928.8	1 126.2	1 018.2	1 117.2	1 167.8	911.1	737.8	593.7	721.3	17.9	19.3	369.0	326.1	410.5
鹤　壁	523.5	484.0	542.4	609.8	327.2	297.1	317.9	326.2	290.3	312.6	3.9	2.3	1.9	5.3	10.6
新　乡	540.3	545.3	796.9	661.9	473.7	350.9	516.5	487.4	420.6	455.8	117.0	15.1	171.6	10.7	13.4
焦　作	1 206.4	1 237.0	1 299.4	1 352.6	1 052.5	809.6	980.6	717.4	635.9	562.4	76.0	92.5	95.9	128.1	184.5
濮　阳	96.2	97.1	136.5	146.7	134.9	96.2	96.7	128.0	116.7	124.3	0.1	0.4	5.3	12.5	10.6
许　昌	527.8	498.4	500.2	572.0	321.9	294.3	333.3	287.3	266.8	301.4	63.5	163.9	109.0	147.1	15.4
漯　河	244.1	210.0	262.2	270.4	114.0	177.4	209.6	138.3	99.4	108.9	0	0.4	0	0	5.2
三门峡	1 716.7	2 037.8	1 809.6	1 782.5	1 438.3	444.6	439.9	536.0	432.5	496.2	1 065.3	430.6	1 151.9	1 160.4	529.2
南　阳	491.0	481.9	481.5	524.1	549.3	307.8	353.0	305.0	293.4	345.7	69.5	96.5	88.8	108.4	154.9
商　丘	994.1	968.2	1 147.4	1 180.9	821.1	657.7	963.8	751.4	642.3	813.4	125.5	1.7	44.1	13.6	20.1
信　阳	443.2	420.3	478.6	534.1	295.3	299.7	389.3	182.2	240.6	292.5	34.1	0.4	138.7	60.8	2.9
周　口	67.7	48.3	122.0	148.0	126.7	49.5	41.2	97.3	100.1	125.7	3.3	7.1	5.9	11.7	1.1
驻马店	366.0	265.9	273.8	301.8	170.1	296.7	232.6	150.8	134.1	148.7	3.8	23.4	34.2	36.9	22.4
济　源	862.9	930.4	985.1	1 026.5	795.3	663.5	671.5	642.3	748.6	476.6	44.7	103.5	134.6	160.4	288.2

表 6-5 各地区工业危险废物产生及利用处置情况

单位：吨

地 区	危险废物产生量					危险废物利用处置量				
	2016 年	2017 年	2018 年	2019 年	2020 年	2016 年	2017 年	2018 年	2019 年	2020 年
河 南	759 899.4	1 846 084.1	1 981 683.5	2 300 720.8	2 123 053.4	730 843.7	1 899 922.1	1 729 619.3	2 128 788.0	2 533 394.4
郑 州	29 780.4	112 314.0	83 301.4	90 197.0	93 405.7	27 891.6	112 017.2	73 684.8	72 665.2	97 151.0
开 封	26 206.6	22 973.5	6 361.9	7 847.6	24 797.8	23 940.9	1 115.6	5 621.7	7 696.0	73 720.6
洛 阳	55 180.2	110 749.8	128 389.1	167 609.1	232 372.2	52 122.9	73 355.7	111 521.4	240 482.6	279 916.3
平顶山	4 779.9	35 508.2	18 201.6	17 277.7	21 692.1	2 416.5	35 375.1	16 415.8	15 066.7	21 306.3
安 阳	61 809.8	331 083.3	342 415.5	354 413.0	108 600.0	60 408.3	330 630	303 985.8	289 151.2	111 276.5
鹤 壁	9 499.5	13 387.1	15 834.9	16 870.4	25 044.9	10 179.3	213 598.8	14 015.8	13 655.8	25 513.7
新 乡	10 519.6	14 495.2	9 746.4	10 324.8	9 302.5	11 219.4	14 378.1	8 570.0	8 522.8	9 525.9
焦 作	16 185.0	23 438.7	26 973.6	36 721.3	55 112.9	13 520.2	23 267.9	20 885.2	26 664.5	57 997.6
濮 阳	62 415.6	120 798.8	135 878.9	124 980.8	83 911.4	61 449.6	116 759.7	119 877.8	108 836.6	84 342.7
许 昌	5 381.7	37 275.1	64 873.2	65 805.3	59 337.5	2 096.3	36 595.5	57 678.5	54 397.2	59 861.4
漯 河	160.9	1 307.0	1 183.8	1 113.6	727.3	111.5	1 278.5	1 055.2	945.3	731.8
三门峡	327 679.9	268 172.0	314 794.9	141 285.5	156 694.1	324 749.0	206 733.3	268 656.2	219 768.7	396 994.2
南 阳	13 031.3	14 711.6	11 573.5	19 526.0	23 312.4	10 831.7	13 551.6	7 541.0	16 804.6	25 898.8
商 丘	4 838.2	8 775.0	3 210.6	9 298.9	8 846.0	1 707.8	4 019.5	2 414.8	7 873.8	8 758.2
信 阳	84.7	592.1	446.6	1 135.8	12 037.7	68.6	613.2	378.1	795.5	12 246.0
周 口	474.7	1 367.4	255.7	272.3	470.7	297.3	1 294.9	211.8	230.5	468.2
驻马店	8 622.5	27 877.8	7 259.1	8 588.3	11 127.8	6 604.6	25 917.0	5 812.7	10 390.6	11 676.1
济 源	123 249.0	701 257.5	810 982.7	1 227 453.6	1 196 260.6	121 228.2	689 420.2	711 292.8	1 034 840.6	1 256 008.9

表 6-6 各地区大型畜禽养殖场污染排放情况

单位：吨

地 区	化学需氧量排放量[①]					氨氮排放量[①]				
	2016 年	2017 年	2018 年	2019 年	2020 年	2016 年	2017 年	2018 年	2019 年	2020 年
河 南	27 111.9	6 773.3	4 552.0	6 187.9	850 773.0	402.0	157.0	117.2	148.7	11 012.0
郑 州	202.8	10.6	11.0	0	—	9.2	1.7	1.7	0	—
开 封	1 037.5	126.6	360.1	648.3	—	13.0	3.9	5.4	3.5	—
洛 阳	372.6	0	0.5	2.0	—	4.0	0	0.1	0.4	—
平顶山	0	407.6	14.6	59.5	—	0	9.2	0.4	0.8	—
安 阳	5 253.5	86.6	561.5	0.4	—	45.7	13.2	13.0	0.1	—
鹤 壁	3 259.1	14.9	241.4	406.2	—	37.3	0.6	5.0	13.2	—
新 乡	2 962.0	93.0	553.0	106.3	—	28.3	6.8	15.5	3.3	—
焦 作	4 273.9	0.2	0	45.3	—	38.3	0	0	0.5	—
濮 阳	0	0	0	0.2	—	0	0	0	0	—
许 昌	0	0	122.2	443.7	—	0	0	1.4	18.8	—
漯 河	36.5	275.8	136.8	74.5	—	4.6	2.9	7.6	7.4	—
三门峡	0	95.5	0	6.4	—	0	0.1	0	0.1	—
南 阳	3 161.6	2 632.9	0	2.7	—	34.2	12.6	0	0	—
商 丘	1 752.2	583.4	308.1	2 545.3	—	52.8	21.9	11.5	57.2	—
信 阳	101.7	369.3	451.2	178.5	—	23.1	34.0	15.5	9.5	—
周 口	4 557.6	2 075.5	1 723.3	1 667.1	—	96.9	49.7	39.2	33.7	—
驻马店	122.2	1.4	68.4	1.6	—	14.0	0.3	0.9	0.3	—
济 源	18.8	0	0	0	—	0.6	0	0	0	—

注：①大型畜禽养殖场数据：2016—2019 年为大型畜禽养殖场统计调查数据，2020 年为省级种植业、畜禽养殖业和水产养殖业统计数据。

地区	总氮排放量[①]					总磷排放量[①]				
	2016年	2017年	2018年	2019年	2020年	2016年	2017年	2018年	2019年	2020年
河南	1 664.0	502.1	357.0	451.0	88 511.6	277.2	75.5	67.7	86.4	12 384.1
郑州	19.5	2.5	2.4	0	—	3.2	0.1	0.1	0	—
开封	59.0	10.0	22.4	33.9	—	9.7	2.1	4.8	5.8	—
洛阳	20.8	0	0.3	1.3	—	6.2	0	0	0	—
平顶山	0	30.1	1.5	4.4	—	0	6.8	0.3	0.6	—
安阳	229.5	36.3	58.8	0.3	—	58.5	1.5	6.4	0	—
鹤壁	189.3	1.4	16.4	31.8	—	48.5	0.2	4.0	5.8	—
新乡	176.4	15.4	45.1	8.6	—	4.6	1.5	9.2	1.7	—
焦作	251.7	0.1	0	2.7	—	40.0	0	0	0.2	—
濮阳	0	0	0	0.1	—	0	0	0	0	—
许昌	0	0	7.2	42.7	—	0	0	2.1	6.8	—
漯河	7.0	15.3	14.8	11.9	—	0.5	4.7	2.1	1.0	—
三门峡	0	4.8	0	0.4	—	0	0	0	0.1	—
南阳	198.8	125.0	0	0.1	—	22.6	15.4	0	0	—
商丘	142.0	52.0	25.8	180.3	—	16.3	5.9	3.7	38.8	—
信阳	38.4	61.1	38.1	18.8	—	1.1	5.3	7.3	2.8	—
周口	308.0	147.3	119.9	112.8	—	64.2	32.0	26.5	22.8	—
驻马店	21.6	0.8	4.3	1.0	—	1.6	0	1.2	0	—
济源	2.2	0	0	0	—	0.3	0	0	0	—

注：①大型畜禽养殖场数据：2016—2019年为大型畜禽养殖场统计调查数据，2020年为省级种植业、畜禽养殖业和水产养殖业统计数据。

表 6-7　各地区生活源污水中污染物排放情况

单位：吨

地　区	化学需氧量					氨氮				
	2016 年	2017 年	2018 年	2019 年	2020 年	2016 年	2017 年	2018 年	2019 年	2020 年
河　南	246 259.5	257 387.2	244 271.7	227 548.7	578 636.6	25 099.1	24 198.6	21 850.9	19 488.2	34 493.8
郑　州	17 327.6	16 095.9	19 322.4	19 565.6	39 631.4	2 769.6	2 203.1	2 455.2	2 266.4	1 480.2
开　封	3 906.0	6 786.7	7 679.8	7 989.4	56 917.1	342.5	600.7	575.9	800.3	4 789.3
洛　阳	16 306.2	22 546.3	20 360.2	9 485.3	20 210.4	1 274.7	1 372.4	666.8	589.9	708.0
平顶山	16 839.1	16 711.5	12 882.0	8 571.6	33 575.6	1 770.8	1 586.9	1 182.9	1 059.2	3 289.5
安　阳	11 032.3	8 498.4	8 222.1	11 406.1	19 308.1	980.2	870.1	896.3	829.8	535.6
鹤　壁	4 766.0	4 864.0	5 027.5	5 627.2	11 874.8	410.9	354.2	376.6	399.2	767.1
新　乡	12 727.9	13 261.4	12 233.9	11 726.7	29 623.6	1 190.3	946.2	864.8	876.1	1 047.4
焦　作	3 406.7	6 728.8	4 929.5	4 876.9	12 233.9	214.4	609.0	585.5	650.4	619.5
濮　阳	6 643.7	6 860.8	6 462.3	8 276.5	19 722.1	585.7	473.1	450.2	219.3	216.8
许　昌	7 535.9	6 994.8	6 912.8	5 125.1	16 423.7	717.9	533.8	523.4	475.5	667.2
漯　河	11 936.2	13 159.5	10 849.8	10 124.2	10 200.7	1 179.0	1 462.0	1 237.4	1 084.8	1 094.0
三门峡	4 339.8	4 107.9	4 401.7	3 765.3	7 010.6	358.6	351.1	318.6	84.7	173.3
南　阳	38 541.1	38 801.9	36 676.1	33 519.1	100 503.1	4 016.6	4 055.8	3 479.0	2 926.8	7 675.9
商　丘	16 008.2	13 847.9	13 329.3	13 389.1	46 081.4	1 221.4	1 028.6	920.0	832.0	1 719.8
信　阳	32 301.5	33 464.8	31 947.0	32 291.3	53 758.3	3 482.9	3 326.6	3 030.3	2 422.3	3 739.6
周　口	18 338.8	18 504.1	18 570.8	23 327.7	71 360.4	1 980.9	1 821.0	1 816.2	1 898.9	4 691.7
驻马店	19 227.3	20 053.4	18 889.8	14 032.7	24 744.4	1 775.2	1 693.7	1 622.3	1 394.8	647.9
济　源	5 075.2	6 099.2	5 574.8	4 448.9	5 457.1	827.4	910.5	849.4	677.9	630.8

地　区	总氮					总磷				
	2016 年	2017 年	2018 年	2019 年	2020 年	2016 年	2017 年	2018 年	2019 年	2020 年
河　南	59 602.2	59 474.5	57 565.9	57 837.3	79 901.9	2 730.6	2 881.3	2 260.2	1 796.0	3 828.4
郑　州	9 192.8	9 530.5	9 149.9	7 543.3	10 048.1	205.0	171.3	205.8	265.4	234.2
开　封	934.6	1 930.0	2 074.9	2 229.1	8 932.8	200.2	94.2	70.2	52.6	579.8
洛　阳	3 067.2	4 640.1	2 917.1	3 001.6	3 876.7	201.1	230.6	195.9	82.5	109.0
平顶山	4 865.8	3 780.3	2 737.6	2 575.4	6 855.2	162.9	181.4	183.4	73.3	144.2
安　阳	2 472.0	2 357.7	2 555.8	2 981.8	1 875.4	113.0	122.8	100.7	101.7	582.4
鹤　壁	851.4	732.3	837.9	867.0	1 340.0	39.3	42.2	37.0	54.5	106.7
新　乡	3 353.7	3 390.7	3 386.9	3 473.0	3 706.3	92.1	165.2	126.5	68.9	125.2
焦　作	1 343.8	2 435.4	2 479.8	2 641.4	2 776.3	41.0	94.6	82.8	42.8	62.6
濮　阳	1 333.5	1 320.4	1 461.1	1 125.2	1 634.1	57.1	44.9	45.3	21.1	68.6
许　昌	3 550.7	2 034.2	1 717.0	1 837.2	2 126.7	167.1	74.0	60.3	3.3	132.5
漯　河	1 559.5	2 111.2	2 261.2	2 529.2	2 468.9	114.2	131.3	92.7	63.9	41.2
三门峡	877.1	846.8	986.8	928.3	1 145.9	38.4	42.8	36.3	7.8	36.6
南　阳	7 939.1	6 988.6	7 829.5	7 544.8	13 387.5	410.5	445.0	336.0	322.8	605.6
商　丘	3 405.5	2 861.9	2 488.9	2 827.7	4 161.7	147.9	169.7	82.9	63.0	156.1
信　阳	5 078.9	5 295.9	5 347.7	5 344.4	3 671.3	308.0	360.1	287.2	224.7	115.8
周　口	4 289.3	3 926.1	4 123.4	4 828.8	8 265.7	237.2	273.2	143.1	201.4	538.1
驻马店	4 355.5	3 667.3	3 643.6	3 970.4	2 409.7	170.0	134.5	100.9	95.4	122.1
济　源	1 131.8	1 625.4	1 566.7	1 588.9	1 219.7	25.7	103.6	73.0	51.1	67.7

地区	二氧化硫					氮氧化物					颗粒物				
	2016 年	2017 年	2018 年	2019 年	2020 年	2016 年	2017 年	2018 年	2019 年	2020 年	2016 年	2017 年	2018 年	2019 年	2020 年
河南	15 562.0	9 145.2	8 951.0	7 807.0	9 636.2	15 986.0	11 453.6	10 770.0	10 435.0	6 457.8	43 540.8	25 584.8	21 600.0	19 600.0	17 932.1
郑州	2 244.3	1 016.7	1 279.1	402.2	110.7	2 851.0	3 094.8	2 393.0	1 752.4	1 650.7	6 438.9	5 239.2	4 332.7	933.7	349.3
开封	590.0	17.5	110.0	97.3	0.1	519.4	39.0	442.3	358.0	140.4	2 027.3	54.1	259.6	252.7	12.9
洛阳	1 513.3	668.9	921.1	890.4	1 650.1	1 166.8	474.0	778.1	736.8	515.1	3 736.3	761.9	1 893.1	1 658.3	3 017.0
平顶山	775.9	729.6	543.6	494.3	1 370.2	702.6	866.2	536.8	573.4	513.1	2 862.5	1 581.4	1 608.5	1 857.8	2 512.9
安阳	1 018.0	949.6	612.0	455.3	1 650.1	871.3	664.5	697.9	399.1	594.0	4 219.6	1 714.8	1 257.2	322.2	3 024.2
鹤壁	326.5	488.9	195.0	258.8	0.1	404.1	607.2	263.9	406.9	139.8	967.9	1 367.1	474.0	883.2	12.8
新乡	794.0	197.4	448.7	358.9	605.1	993.4	167.2	667.4	640.8	253.0	2 255.9	692.6	1 060.5	935.3	1 112.1
焦作	635.0	722.7	356.9	402.3	335.3	831.3	851.6	513.3	680.6	262.5	1 622.3	1 679.6	656.4	766.4	627.4
濮阳	888.7	167.3	537.5	458.4	0.1	747.2	187.4	493.3	427.0	192.2	2 272.0	273.0	1 295.9	1 050.6	17.6
许昌	1 147.5	653.3	286.5	263.4	739.6	1 646.3	880.9	403.3	448.4	449.9	2 403.5	2 241.9	823.4	930.2	1 372.1
漯河	418.4	371.8	145.8	123.2	166.5	328.4	616.0	168.3	174.6	189.3	959.3	597.1	146.1	167.2	316.8
三门峡	514.4	32.4	281.9	220.8	52.5	286.7	30.8	210.7	175.7	33.2	1 054.7	33.2	686.2	577.3	97.6
南阳	1 582.1	1 186.7	1 155.4	1 565.7	1 688.6	1 155.1	1 293.6	986.0	1 626.1	484.9	4 271.1	4 400.4	2 910.2	4 929.3	3 083.5
商丘	808.0	95.8	492.5	393.5	332.8	741.9	146.4	530.8	433.9	235.6	2 007.2	765.0	556.2	472.2	620.5
信阳	534.5	317.3	509.0	467.7	247.5	764.9	277.9	594.1	511.1	103.6	1 830.8	942.0	1 255.6	1 197.3	455.0
周口	810.8	134.1	543.7	428.4	291.0	706.2	201.6	515.2	435.7	330.5	2 368.6	826.4	1 045.1	910.5	553.8
驻马店	896.3	1 315.7	484.4	477.4	231.1	1 118.2	971.1	474.4	569.0	269.4	2 149.8	2 324.0	1 229.7	1 667.4	440.5
济源	64.3	79.7	48.1	49.1	165.0	151.1	83.5	101.1	85.7	100.6	93.2	91.0	109.7	88.5	306.2

表 6-8-1 各地区生活垃圾处理场（厂）污染排放情况（渗滤液）

单位：吨

地 区	化学需氧量					氨氮				
	2016 年	2017 年	2018 年	2019 年	2020 年	2016 年	2017 年	2018 年	2019 年	2020 年
河 南	1 172.1	505.5	189.7	88.2	261.1	78.4	36.8	13.7	8.6	47.9
郑 州	43.7	23.1	7.8	3.1	37.3	5.2	3.1	1.0	0.5	1.4
开 封	43.0	13.7	8.2	21.0	3.9	6.7	1.8	0.8	1.1	0.8
洛 阳	95.1	8.5	3.4	1.3	2.4	4.0	1.9	0.5	0.3	0.5
平顶山	42.6	7.3	2.4	1.0	1.8	4.6	1.7	0.5	0.3	0.4
安 阳	82.1	46.3	16.1	5.8	43.8	14.5	8.2	2.6	1.2	9.0
鹤 壁	3.4	1.2	0.5	0.2	1.5	0.4	0.2	0.1	0	0.4
新 乡	21.3	3.8	1.3	0.7	123.4	0.6	0.9	0.2	0.1	26.3
焦 作	7.6	2.7	1.0	0.7	1.5	0.9	0.5	0.1	0.1	0.3
濮 阳	30.8	7.1	2.5	1.1	4.0	2.9	1.5	0.5	0.2	1.8
许 昌	105.9	58.3	20.2	7.7	1.7	4.8	2.6	0.8	0.4	0.1
漯 河	1.6	0	0.4	1.1	0.7	0.4	0	0	0.1	0
三门峡	17.0	2.8	0.5	0.3	1.0	1.5	0.6	0.3	0.1	0.3
南 阳	240.8	132.8	29.8	11.2	6.6	3.2	3.3	1.0	0.5	1.4
商 丘	61.5	19.9	11.6	5.0	5.8	5.1	1.6	0.9	0.5	1.7
信 阳	25.1	3.6	5.2	6.2	10.4	3.4	0.8	0.6	1.8	1.5
周 口	302.0	163.0	59.3	11.8	2.2	16.7	7.2	2.8	0.7	0.1
驻马店	48.4	11.4	19.6	9.9	13.1	3.8	0.9	1.0	0.7	1.9
济 源	0.1	0	0.1	0.2	0	0	0	0	0	0

表 6-8-2 各地区生活垃圾处理场（厂）污染排放情况（废气）

单位：吨

地区	二氧化硫					氮氧化物					颗粒物				
	2016 年	2017 年	2018 年	2019 年	2020 年	2016 年	2017 年	2018 年	2019 年	2020 年	2016 年	2017 年	2018 年	2019 年	2020 年
河 南	0.9	0.9	0.9	0.9	147.0	2.2	2.2	2.2	2.2	1 194.0	2.2	2.2	2.2	2.2	30.7
郑 州	0	0	0	0	101.0	0	0	0	0	808.3	0	0	0	0	26.0
开 封	0	0	0	0	0	0	0	0	0	0	0	0	0	0	0
洛 阳	0	0	0	0	0	0	0	0	0	0	0	0	0	0	0
平顶山	0	0	0	0	0	0	0	0	0	0	0	0	0	0	0
安 阳	0	0	0	0	0	0	0	0	0	0	0	0	0	0	0
鹤 壁	0	0	0	0	0	0	0	0	0	0	0	0	0	0	0
新 乡	0	0	0	0	0	0	0	0	0	0	0	0	0	0	0
焦 作	0.7	0.7	0.1	0.1	0	1.1	1.1	0.1	0.1	0	2.1	2.1	2.1	2.1	0
濮 阳	0	0	0	0	0	0	0	0	0	0	0	0	0	0	0
许 昌	0	0	0	0	45.9	0	0	0	0	385.7	0	0	0	0	4.7
漯 河	0	0	0	0	0	0	0	0	0	0	0	0	0	0	0
三门峡	0	0	0	0	0	0	0	0	0	0	0	0	0	0	0
南 阳	0	0	0	0	0	0	0	0	0	0	0	0	0	0	0
商 丘	0.2	0.2	0.8	0.8	0	1.1	1.1	2.1	2.1	0	0.1	0.1	0.1	0.1	0
信 阳	0	0	0	0	0	0	0	0	0	0	0	0	0	0	0
周 口	0	0	0	0	0	0	0	0	0	0	0	0	0	0	0
驻马店	0	0	0	0	0	0	0	0	0	0	0	0	0	0	0
济 源	0	0	0	0	0	0	0	0	0	0	0	0	0	0	0

表 6-9-1 各地区危险废物（医疗废物）集中处理厂污染排放情况（渗滤液）

单位：吨

地 区	化学需氧量					氨氮				
	2016 年	2017 年	2018 年	2019 年	2020 年	2016 年	2017 年	2018 年	2019 年	2020 年
河 南	1.0	0.9	1.2	2.6	2.2	0.1	0.1	0.1	0.4	0.3
郑 州	0	0	0	1.3	1.6	0	0	0	0.2	0.2
开 封	0.1	0	0.1	0.1	0	0	0	0	0	0
洛 阳	0.2	0.5	0.6	0.6	0	0	0	0	0.1	0
平顶山	0	0	0	0	0	0	0	0	0	0
安 阳	0	0	0	0	0	0	0	0	0	0
鹤 壁	0.1	0	0	0	0	0	0	0	0	0
新 乡	0	0	0	0	0	0	0	0	0	0
焦 作	0.1	0	0	0	0	0	0	0	0	0
濮 阳	0.3	0.2	0.2	0.3	0.3	0	0	0	0	0
许 昌	0	0	0	0	0	0	0	0	0	0
漯 河	0	0	0	0	0	0	0	0	0	0
三门峡	0	0	0	0	0	0	0	0	0	0
南 阳	0	0	0	0	0	0	0	0	0	0
商 丘	0	0	0	0	0	0	0	0	0	0
信 阳	0	0	0	0	0	0	0	0	0	0
周 口	0.1	0.1	0.2	0.2	0.4	0	0	0	0	0
驻马店	0.1	0.1	0.1	0.1	0	0	0	0	0	0
济 源	0	0	0	0	0	0	0	0	0	0

表 6-9-2 各地区危险废物（医疗废物）集中处理厂污染排放情况（废气）

单位：吨

地 区	二氧化硫					氮氧化物					颗粒物				
	2016 年	2017 年	2018 年	2019 年	2020 年	2016 年	2017 年	2018 年	2019 年	2020 年	2016 年	2017 年	2018 年	2019 年	2020 年
河 南	20.8	14.1	13.1	11.7	12.8	63.7	46.2	43.9	53.5	49.7	25.3	9.4	8.1	8.7	5.4
郑 州	10.3	9.5	8.9	6.2	5.8	45.7	37.6	35.8	43.4	10.8	12.7	6.9	6.0	6.2	1.5
开 封	0.1	0	0.1	0.1	0	0.2	0	0.2	0.3	0	1.4	0.1	0.3	0.4	0
洛 阳	2.2	1.3	1.1	0.9	0	4.0	2.8	2.4	2.7	0	1.7	0.6	0.4	0.4	0
平顶山	0	0	0	0	0	0	0	0	0	0	0	0	0	0	0
安 阳	0.8	0.5	0.5	3.5	0	1.9	1.7	1.8	2.4	0	4.7	0.4	0.4	0.9	0
鹤 壁	0	0	0	0	0	0	0	0	0	0	0	0	0	0	0
新 乡	0	0	0	0	0	0	0	0	0	0	0	0	0	0	0
焦 作	0	0	0	0	0	0	0	0	0	0	0	0	0	0	0
濮 阳	0.4	0	0	0	0	0.2	0	0	0	0	0	0	0	0	0
许 昌	0	0	0	0	0	0	0	0	0	0	0	0	0	0	0
漯 河	0.9	0	0	0	0	1.7	0	0	0	0	0.2	0	0	0	0
三门峡	0	0	0	0	0	0	0	0	0	0	0	0	0	0	0
南 阳	4.1	0	0	0.1	5.4	3.1	0	0.1	1.0	30.5	0.9	0	0	0.2	3.5
商 丘	0	0	0	0	0	0	0	0	0	0.3	0	0	0	0	0.1
信 阳	0	0	0	0	0	0	0	0	0	0	0	0	0	0	0
周 口	2.1	2.8	2.5	1.0	1.7	6.8	4.1	3.7	3.7	8.0	3.6	1.4	0.9	0.5	0.4
驻马店	0	0	0	0	0	0	0	0	0	0	0	0	0	0	0
济 源	0	0	0	0	0	0	0	0	0	0	0	0	0	0	0

表 6-10　各地区移动源污染排放情况

单位：吨

地　区	总颗粒物排放量	氮氧化物排放量
2016[①]年河南省	13 425.5	456 588.8
2017[①]年河南省	12 911.1	468 060.0
2018[①]年河南省	10 322.8	474 135.2
2019[①]年河南省	5 643.9	462 622.9
2020[①]年河南省	7 005.9	434 361.8
郑　州	1 087.2	69 102.0
开　封	360.1	10 382.0
洛　阳	159.2	15 364.6
平顶山	566.4	30 549.8
安　阳	481.7	29 369.4
鹤　壁	246.3	15 966.6
新　乡	1 203.2	21 106.6
焦　作	287.6	35 266.0
濮　阳	209.8	22 656.7
许　昌	120.6	10 563.5
漯　河	248.0	14 250.9
三门峡	141.6	25 842.7
南　阳	234.4	18 123.0
商　丘	424.1	38 161.0
信　阳	322.7	11 077.0
周　口	398.2	37 107.4
驻马店	495.8	27 979.5
济　源	18.9	1 493.2

注：①移动源数据：2016—2019 年为省级统计调查数据，2020 年为地市级统计调查数据。

表 6-11-1　各地区工业源废水治理设施

地　区	数量/台（套）					治理能力/（万吨/日）					运行费用/万元				
	2016 年	2017 年	2018 年	2019 年	2020 年	2016 年	2017 年	2018 年	2019 年	2020 年	2016 年	2017 年	2018 年	2019 年	2020 年
河　南	2 935	2 718	2 910	3 020	3 137	986.5	1 016.0	1 019.6	1 088.0	967.8	235 963.1	265 426.9	263 913.1	302 184.9	347 441.7
郑　州	475	357	368	384	371	91.6	81.4	91.4	90.5	73.6	24 997.8	29 148.0	28 206.2	26 526.7	28 859.8
开　封	72	96	109	115	114	11.3	11.9	11.1	10.9	9.0	5 843.2	6 897.1	8 026.8	8 135.9	6 706.3
洛　阳	246	234	243	261	313	79.2	76.9	89.5	148.1	90.3	20 200.9	24 594.9	21 942.4	27 493.5	30 224.9
平顶山	121	106	123	141	179	113.8	91.7	101.6	109.5	115.0	11 092.3	13 419.7	14 537.9	16 551.5	23 592.8
安　阳	200	244	254	262	231	168.2	210.6	209.7	217.9	172.6	30 909.5	44 523.7	40 503.0	53 673.4	42 780.1
鹤　壁	90	61	80	85	101	22.4	14.3	13.3	15.4	18.1	5 061.0	6 781.0	6 379.6	7 320.6	12 505.6
新　乡	337	273	279	285	310	114.5	81.1	78.3	71.7	81.2	20 792.7	17 782.8	19 665.0	19 163.5	23 617.2
焦　作	138	151	178	184	212	43.3	94.5	49.2	59.7	60.3	33 184.9	29 633.2	34 870.6	45 100.8	45 018.7
濮　阳	182	172	181	163	162	27.9	17.7	20.4	19.4	20.3	14 016.7	10 026.6	10 765.7	11 168.9	13 448.4
许　昌	145	206	209	194	179	23.6	27.1	29.4	32.0	27.8	5 372.5	5 264.7	4 811.2	6 027.6	11 525.6
漯　河	65	72	69	67	63	10.2	17.8	17.3	19.5	11.6	2 975.0	5 837.2	6 070.4	5 479.2	7 392.6
三门峡	169	165	178	164	151	35.3	26.9	31.0	24.6	22.9	11 381.2	14 053.2	13 641.9	17 640.9	20 859.3
南　阳	179	140	141	145	178	23.9	20.6	22.1	22.3	30.0	10 182.3	11 720.4	12 308.0	11 627.4	23 758.9
商　丘	140	119	125	153	161	36.1	29.0	46.4	50.0	49.7	7 304.7	7 177.5	5 132.3	7 959.6	13 344.8
信　阳	66	64	76	88	84	72.6	40.0	43.4	47.4	38.6	6 788.7	6 931.5	6 896.7	6 657.2	7 757.3
周　口	96	93	100	94	98	23.3	13.7	13.6	17.4	14.7	5 448.2	6 790.3	5 544.9	5 652.5	6 144.1
驻马店	137	101	120	132	135	25.9	14.2	15.9	15.0	15.1	10 906.7	10 363.6	12 327.6	12 404.5	13 015.2
济　源	77	64	77	103	95	63.2	146.5	136.2	116.6	116.6	9 504.8	14 481.5	12 282.9	13 601.0	16 890.3

表 6-11-2　各地区工业源废气治理设施

地　区	数量/台（套）					运行费用/万元				
	2016 年	2017 年	2018 年	2019 年	2020 年	2016 年	2017 年	2018 年	2019 年	2020 年
河　南	12 984	16 371	18 078	22 076	15 848	970 873.4	978 345.3	998 349.8	1 055 951.2	1 196 291.9
郑　州	2 991	3 138	3 744	4 196	2 529	108 730.6	141 373.4	140 268.0	152 387.7	160 873.8
开　封	241	488	596	955	571	10 812.7	23 090.1	23 064.8	24 659.1	21 278.6
洛　阳	1 085	1 116	1 083	1 511	1 287	148 136.4	142 882.6	107 636.9	97 165.4	138 745.8
平顶山	632	637	666	790	635	56 754.9	74 907.7	91 693.6	72 322.5	81 529.6
安　阳	1 349	1 902	2 046	2 332	1 538	165 067.7	113 661.5	164 413.5	188 668.4	220 801.4
鹤　壁	408	524	611	729	652	40 151.9	36 823.3	40 256.2	33 990.3	46 520.2
新　乡	1 516	2 030	2 287	2 558	1 616	59 949.8	49 417.1	62 462.2	61 232.5	61 402.6
焦　作	690	829	888	1 382	1 378	45 280.8	61 451.1	69 625.6	83 752.6	94 100.3
濮　阳	416	600	603	965	745	24 077.5	15 188.2	19 857.4	25 132.0	24 054.1
许　昌	682	983	990	1 322	878	29 741.7	53 179.8	56 403.3	58 726.9	58 560.5
漯　河	148	229	269	242	186	5 018.8	8 973.5	10 050.4	11 122.0	18 120.4
三门峡	393	491	506	508	462	42 713.3	48 299.8	50 258.1	59 878.8	53 817.1
南　阳	952	993	966	1 083	583	33 818.5	42 882.3	43 561.0	42 047.6	51 165.4
商　丘	332	586	742	934	747	37 288.5	26 893.7	31 029.6	48 663.0	47 994.3
信　阳	347	586	722	841	549	49 433.3	28 701.5	24 917.4	21 958.1	19 915.3
周　口	114	275	249	436	327	3 917.5	5 068.2	7 253.3	8 858.4	17 576.7
驻马店	305	500	594	702	542	19 807.9	24 617.5	23 607.6	20 205.9	20 093.7
济　源	383	464	516	590	623	90 171.6	80 933.8	31 991.0	45 180.0	59 742.0

表 6-11-3 各地区工业源废气治理设施数量

地 区	脱硫设施/台（套）					脱硝设施/台（套）				
	2016 年	2017 年	2018 年	2019 年	2020 年	2016 年	2017 年	2018 年	2019 年	2020 年
河 南	2 068	2 323	2 219	2 258	1 776	699	1 077	1 324	1 847	1 657
郑 州	467	339	307	380	273	140	148	197	401	362
开 封	69	102	106	83	62	10	36	46	48	42
洛 阳	207	202	200	189	128	47	99	128	162	134
平顶山	116	159	138	133	105	32	73	83	86	30
安 阳	135	233	187	180	144	35	108	151	172	144
鹤 壁	53	78	78	74	71	22	30	42	69	78
新 乡	212	171	166	160	103	115	135	143	163	148
焦 作	179	160	163	172	137	69	80	115	153	140
濮 阳	96	51	57	62	56	34	29	40	65	68
许 昌	106	135	86	101	102	27	36	34	47	59
漯 河	42	61	41	35	33	14	25	27	24	8
三门峡	73	95	103	107	71	43	44	70	86	61
南 阳	100	69	96	86	65	31	45	47	61	56
商 丘	63	119	101	122	107	26	46	63	86	131
信 阳	17	87	126	104	80	5	44	41	58	41
周 口	43	89	82	59	81	10	18	22	23	54
驻马店	53	123	123	107	65	20	57	44	66	28
济 源	37	50	59	104	93	19	24	31	77	73

地　区	除尘设施/台（套）					挥发性有机物（VOCs）治理设施/台（套）
	2016 年	2017 年	2018 年	2019 年	2020 年	2020 年
河　南	5 064	6 045	6 379	7 519	7 946	3 402
郑　州	1 215	1 205	1 331	1 338	1 149	521
开　封	152	190	219	300	244	185
洛　阳	358	435	549	702	734	194
平顶山	178	270	279	340	352	112
安　阳	462	752	733	799	1 009	145
鹤　壁	143	173	178	210	261	204
新　乡	621	514	512	591	811	465
焦　作	240	336	349	534	612	372
濮　阳	184	264	237	386	306	292
许　昌	266	261	268	363	431	227
漯　河	66	100	105	84	68	51
三门峡	208	295	300	319	256	41
南　阳	381	198	207	292	344	76
商　丘	162	242	217	277	315	167
信　阳	113	272	371	348	307	93
周　口	98	120	122	103	107	76
驻马店	123	252	226	246	297	122
济　源	94	166	176	287	343	59

表 6-12-1　各地区污水处理厂情况

地　区	数量/家					本年运行费用/万元				
	2016 年	2017 年	2018 年	2019 年	2020 年	2016 年	2017 年	2018 年	2019 年	2020 年
河　南	293	304	336	349	385	251 241.9	314 689.4	357 184.3	392 029.3	471 579.8
郑　州	39	39	44	45	50	49 366.6	67 599.0	74 285.9	78 388.7	95 064.7
开　封	14	12	12	12	15	13 912.7	16 481.8	17 503.1	18 750.5	20 066.8
洛　阳	23	25	33	31	35	19 775.1	25 435.7	32 765.3	35 259.4	37 841.9
平顶山	16	15	17	20	21	15 685.5	30 107.0	20 635.8	20 725.3	24 658.2
安　阳	16	13	15	17	20	9 876.9	12 312.9	15 810.9	17 072.7	19 931.7
鹤　壁	7	9	10	11	12	5 563.9	7 546.6	9 033.5	8 061.4	11 065.4
新　乡	18	19	21	23	25	14 556.8	17 603.6	22 427.6	26 155.7	30 101.4
焦　作	18	17	17	18	19	17 671.0	21 804.8	25 072.3	27 441.7	31 362.6
濮　阳	13	15	17	16	16	10 255.0	9 889.1	13 580.0	14 578.5	18 090.9
许　昌	17	17	18	18	18	14 608.7	17 254.5	18 783.1	21 706.2	24 700.1
漯　河	11	12	12	12	13	9 419.5	9 495.5	12 415.3	14 442.8	19 423.6
三门峡	15	16	17	19	19	8 028.9	7 451.4	10 244.4	11 380.5	13 412.9
南　阳	16	18	19	21	24	13 561.3	12 874.9	16 157.4	20 803.9	25 774.2
商　丘	24	24	25	24	29	16 840.2	16 414.5	19 520.6	24 569.8	33 642.7
信　阳	10	15	17	18	18	6 810.0	11 287.5	13 744.1	14 802.0	20 721.2
周　口	17	18	18	19	23	10 308.1	11 612.3	13 989.1	15 288.2	18 668.4
驻马店	18	19	21	22	24	12 566.9	17 333.9	18 260.8	19 692.9	23 926.9
济　源	1	1	3	3	4	2 435.0	2 184.4	2 955.0	2 909.2	3 126.2

地区	设计处理能力/（万吨/日）					污水实际处理量/万吨				
	2016年	2017年	2018年	2019年	2020年	2016年	2017年	2018年	2019年	2020年
河南	1 232.7	1 308.2	1 451.9	1 515.6	1 619.2	329 993.6	379 134.3	418 413.3	433 694.2	461 723.7
郑州	298.3	304.8	350.8	352.0	351.4	72 548.9	85 536.2	93 182.6	97 378.7	102 053.2
开封	59.5	57.0	57.0	57.0	76.0	15 431.4	15 658.1	16 795.3	16 106.5	19 472.5
洛阳	83.6	89.6	111.5	111.4	126.4	26 716.6	29 904.1	35 364.0	37 705.9	42 448.8
平顶山	68.0	68.0	74.5	77.0	77.1	17 761.9	20 560.7	23 850.7	23 480.9	24 324.3
安阳	50.6	55.5	56.5	61.5	63.1	12 256.7	14 813.1	17 597.5	18 058.1	18 619.5
鹤壁	25.0	26.8	32.3	33.0	34.8	5 671.1	5 977.6	7 630.5	7 358.9	7 362.9
新乡	101.5	104.0	107.3	113.4	123.2	25 750.1	30 090.2	30 921.3	32 015.0	31 871.5
焦作	72.7	71.5	74.0	79.1	83.0	21 514.1	22 428.1	22 873.4	22 889.6	23 598.3
濮阳	40.4	49.9	56.4	56.1	56.1	11 022.7	12 341.7	13 190.0	14 452.6	14 779.0
许昌	71.5	73.0	77.0	78.4	86.4	14 649.7	19 648.2	21 048.9	21 884.0	22 304.3
漯河	40.5	46.5	46.5	52.5	58.5	12 448.8	15 541.0	16 116.8	16 421.6	16 914.5
三门峡	30.6	31.6	36.1	37.6	37.6	8 584.2	8 351.1	9 823.6	10 154.8	10 904.5
南阳	61.0	72.8	77.8	85.3	92.6	19 192.9	21 081.1	23 941.4	25 299.7	28 716.3
商丘	66.0	69.8	81.8	87.3	111.7	18 263.6	21 886.1	24 690.3	26 207.0	30 079.3
信阳	43.0	54.5	62.0	67.0	66.0	12 293.7	14 655.7	16 832.9	17 758.7	19 547.8
周口	55.6	63.5	63.5	68.1	71.2	16 657.0	17 977.6	19 876.9	20 228.8	20 700.9
驻马店	55.0	59.5	71.0	83.0	88.0	15 880.3	19 362.3	20 399.2	22 126.9	23 437.6
济源	10.0	10.0	16.0	16.0	16.2	3 350.0	3 321.3	4 278.0	4 166.5	4 588.6

地　区	累计完成投资/万元					新增固定资产/万元				
	2016 年	2017 年	2018 年	2019 年	2020 年	2016 年	2017 年	2018 年	2019 年	2020 年
河　南	2 989 546.4	3 455 152.1	3 915 792.4	4 270 423.3	4 741 234.1	380 549.5	76 033.0	120 750.4	139 485.3	128 027.0
郑　州	647 199.0	955 158.0	1 105 078.0	1 146 214.7	1 276 873.2	149 241.8	4 262.7	4 025.5	4 994.7	2 679.0
开　封	270 626.7	150 042.0	145 585.1	175 816.5	130 033.2	1 806.7	3 501.8	647.1	411.5	159.2
洛　阳	192 674.5	206 825.0	269 605.6	308 064.3	330 086.7	3 525.9	4 585.7	2 623.5	218.0	8 341.0
平顶山	144 835.9	166 512.4	194 361.3	214 321.6	201 764.5	57 206.5	3 382.0	14 262.6	4 983.7	13 166.7
安　阳	85 982.1	126 945.1	120 978.7	120 356.0	120 202.6	10.4	2 994.6	3 442.7	3 981.9	679.0
鹤　壁	74 012.5	70 857.4	89 259.3	90 792.1	81 820.1	9 077.6	317.8	9 744.2	830.8	430.2
新　乡	249 125.0	271 933.2	292 859.7	320 613.9	336 614.2	26 128.1	1 431.0	15 457.7	16 701.6	25 935.8
焦　作	179 240.7	179 540.2	173 221.2	191 383.3	239 652.7	10 897.2	244.3	711.5	14 963.3	3 227.6
濮　阳	124 940.8	157 679.9	156 357.3	166 714.4	181 985.3	4 988.0	4 387.7	26 086.7	3 611.5	19 413.1
许　昌	145 242.1	158 711.6	179 492.9	158 229.3	176 438.7	9 006.9	8 680.5	3 189.8	12 235.8	14 303.1
漯　河	95 214.1	105 766.4	107 248.6	126 341.2	180 153.6	9 869.6	582.0	1 268.4	7 183.6	11 457.3
三门峡	76 878.2	68 050.2	76 261.4	103 789.5	187 622.4	7 255.0	3 550.0	4 316.6	2 633.3	10 197.7
南　阳	143 036.7	161 922.5	175 419.5	211 016.6	269 092.4	49 845.9	7 222.5	4 442.8	6 420.7	6 941.8
商　丘	154 312.1	184 768.7	199 466.6	221 494.8	292 730.1	4 416.0	4 120.7	1 239.2	666.2	1 349.9
信　阳	114 406.7	151 908.4	214 152.9	236 803.3	239 666.8	12 357.0	15 929.3	3 335.5	11 140.8	9 042.8
周　口	142 012.4	154 295.7	159 729.1	173 078.9	182 817.9	200.0	2 200.0	866.1	6 433.4	166.5
驻马店	135 956.8	160 035.4	198 177.2	249 077.9	255 617.1	24 716.9	8 240.6	24 810.0	42 023.7	289.0
济　源	13 850.0	24 200.0	58 538.0	56 315.2	58 062.6	0	400.0	280.6	50.9	247.4

表 6-12-2　各地区污水处理厂污泥情况

地　区	产生量/万吨					处置量/万吨					倾倒丢弃量/万吨				
	2016 年	2017 年	2018 年	2019 年	2020 年	2016 年	2017 年	2018 年	2019 年	2020 年	2016 年	2017 年	2018 年	2019 年	2020 年
河　南	67.5	62.5	68.5	70.1	215.8	67.1	62.5	68.5	70.1	215.1	0.4	0	0	0	0.6
郑　州	13.5	16.1	17.5	17.7	64.3	13.5	16.1	17.5	17.7	64.3	0	0	0	0	0
开　封	2.4	2.8	2.7	1.9	6.1	2.0	2.8	2.7	1.9	6.1	0.4	0	0	0	0
洛　阳	3.6	4.7	5.3	5.9	20.0	3.6	4.7	5.3	5.9	20.0	0	0	0	0	0
平顶山	5.5	2.3	2.9	2.9	11.5	5.5	2.3	2.9	2.9	11.5	0	0	0	0	0
安　阳	5.2	6.2	3.3	3.8	11.3	5.2	6.2	3.3	3.8	10.7	0	0	0	0	0.6
鹤　壁	1.7	1.1	1.8	2.2	4.4	1.7	1.1	1.8	2.2	4.4	0	0	0	0	0
新　乡	7.8	4.1	6.4	4.9	12.1	7.8	4.1	6.4	4.9	12.1	0	0	0	0	0
焦　作	3.5	4.3	4.8	4.9	13.3	3.5	4.3	4.8	4.9	13.3	0	0	0	0	0
濮　阳	1.4	1.8	2.6	2.7	4.3	1.4	1.8	2.6	2.7	4.3	0	0	0	0	0
许　昌	2.1	3.6	4.1	4.0	12.3	2.1	3.6	4.1	4.0	12.3	0	0	0	0	0
漯　河	1.2	1.2	1.4	1.5	6.0	1.2	1.2	1.4	1.5	6.0	0	0	0	0	0
三门峡	0.8	1.6	1.5	1.7	5.9	0.8	1.6	1.5	1.7	5.9	0	0	0	0	0
南　阳	2.8	2.3	2.8	2.9	10.2	2.8	2.3	2.8	2.9	10.2	0	0	0	0	0
商　丘	8.7	3.8	3.9	4.7	15.5	8.7	3.8	3.9	4.7	15.5	0	0	0	0	0
信　阳	2.5	1.5	1.9	2.7	6.7	2.5	1.5	1.9	2.7	6.7	0	0	0	0	0
周　口	2.4	2.1	2.6	2.5	6.3	2.4	2.1	2.6	2.5	6.3	0	0	0	0	0
驻马店	1.7	2.2	2.1	2.5	4.7	1.7	2.2	2.1	2.5	4.7	0	0	0	0	0
济　源	0.7	0.7	0.8	0.8	0.9	0.7	0.7	0.8	0.8	0.9	0	0	0	0	0

表 6-12-3 各地区污水处理厂污泥处置情况

地 区	土地利用量/万吨					填埋处置量/万吨				
	2016 年	2017 年	2018 年	2019 年	2020 年	2016 年	2017 年	2018 年	2019 年	2020 年
河 南	18.8	23.9	29.7	30.3	104.6	38.4	25.5	25.3	25.0	66.8
郑 州	10.3	14.1	15.0	14.5	58.7	3.0	1.9	2.0	2.5	4.4
开 封	0	0	0	0	1.2	0.8	0.9	0.7	0.6	1.4
洛 阳	1.9	2.2	2.4	2.9	1.2	1.5	2.0	2.4	2.5	17.0
平顶山	0	1.3	1.5	1.6	7.8	5.5	0.9	1.5	1.3	3.5
安 阳	0	0.2	0.9	0.8	7.1	1.4	0.7	0.6	0.9	0.6
鹤 壁	0	0	0	0.2	2.1	1.7	1.0	1.7	1.8	2.2
新 乡	4.1	2.6	4.1	3.1	9.3	2.6	1.0	1.0	0.7	0.9
焦 作	1.5	2.0	3.1	2.7	5.5	2.0	2.3	1.5	1.9	4.5
濮 阳	0	0	0	0	0	1.4	1.8	1.9	1.8	2.7
许 昌	0.1	0.1	0.2	0.1	0.1	0	0	0.1	0	0
漯 河	0	0	0	0	0.4	0.3	0.3	0.4	0.3	0.1
三门峡	0	0	0	0.9	0.7	0.8	1.6	1.4	0.6	3.8
南 阳	0	0	0.7	1.2	5.6	2.8	2.3	2.1	1.7	4.1
商 丘	0.6	0.1	0.1	0.2	0.6	8.2	3.7	3.2	3.5	10.5
信 阳	0	0	0	0	0.3	2.5	1.5	1.9	2.1	4.8
周 口	0.5	0.7	0.9	1.3	3.1	1.9	1.4	1.7	1.1	2.8
驻马店	0	0	0	0	0.1	1.6	2.2	1.3	1.7	3.5
济 源	0	0.7	0.8	0.8	0.7	0.7	0	0	0	0

地区	建筑材料利用量/万吨					焚烧处置量/万吨				
	2016年	2017年	2018年	2019年	2020年	2016年	2017年	2018年	2019年	2020年
河南	4.7	6.3	7.8	7.2	18.0	5.1	6.7	5.6	7.6	25.7
郑州	0.3	0	0.2	0.3	0.7	0	0.1	0.3	0.4	0.3
开封	1.2	1.9	2.0	0.7	1.2	0	0	0	0.6	2.2
洛阳	0	0	0	0	0.1	0.3	0.5	0.5	0.5	1.7
平顶山	0	0	0	0	0	0	0	0	0	0.3
安阳	0.1	0.6	0.1	0.6	0.7	3.6	4.7	1.7	1.4	2.3
鹤壁	0	0.1	0	0	0	0	0	0.1	0.1	0.1
新乡	1.1	0.6	1.3	0.5	1.1	0	0	0	0.7	0.9
焦作	0	0	0	0.3	3.3	0	0	0.2	0	0
濮阳	0	0	0	0	0	0	0	0.8	0.8	1.6
许昌	1.9	3.1	3.7	3.4	7.3	0.2	0.5	0.1	0.5	4.8
漯河	0	0	0	0.3	0.3	0.9	0.9	1.0	1.0	5.2
三门峡	0	0	0.1	0.2	1.5	0	0	0	0	0
南阳	0	0	0	0	0.5	0	0	0	0	0
商丘	0	0	0.4	0.8	1.0	0	0	0.1	0.3	3.4
信阳	0	0	0	0	0	0	0	0	0.6	1.6
周口	0.1	0	0	0	0.3	0	0	0	0	0
驻马店	0	0	0	0	0	0.1	0	0.8	0.8	1.1
济源	0	0	0	0	0	0	0	0	0	0.2

表 6-12-4　各地区污水处理厂污染物去除量

地　区	化学需氧量/吨					氨氮/吨				
	2016 年	2017 年	2018 年	2019 年	2020 年	2016 年	2017 年	2018 年	2019 年	2020 年
河　南	803 735.9	981 403.7	999 590.6	1 033 244.1	1 031 490.8	86 953.0	101 611.6	116 144.2	123 905.0	124 326.4
郑　州	227 324.6	340 364.1	296 425.7	286 839.1	255 964.9	23 304.1	29 273.2	31 481.9	32 136.7	32 034.5
开　封	32 607.4	35 592.9	34 915.7	36 368.9	38 000.5	3 430.7	3 455.0	3 820.7	3 608.0	4 511.0
洛　阳	71 609.6	78 184.4	82 804.4	91 490.7	103 992.1	8 150.8	9 489.6	12 046.2	13 382.1	13 533.6
平顶山	41 197.0	34 176.1	43 596.9	51 892.8	53 154.3	4 249.8	3 732.9	4 618.0	5 078.6	5 407.8
安　阳	32 329.9	42 310.7	40 482.0	37 609.9	37 131.1	3 406.1	3 836.6	4 140.9	4 713.7	5 109.9
鹤　壁	11 477.3	8 410.1	12 666.5	12 556.0	13 329.8	1 294.3	1 183.2	1 563.1	1 540.2	1 674.2
新　乡	51 554.3	70 114.8	67 277.0	62 875.9	59 328.3	5 523.0	7 020.5	7 994.5	7 789.4	7 581.8
焦　作	58 160.6	57 692.3	56 950.1	54 909.4	52 601.4	5 153.3	5 700.7	6 006.7	5 738.3	5 693.1
濮　阳	29 726.5	31 791.6	40 150.2	37 354.3	33 421.3	3 087.5	3 541.8	3 877.5	5 057.0	4 932.6
许　昌	38 089.7	50 562.0	53 192.6	59 637.2	68 351.8	4 103.4	6 470.0	7 381.9	7 003.8	5 529.1
漯　河	23 954.8	22 542.8	25 722.1	28 732.6	27 664.4	2 235.9	2 558.9	2 535.0	2 381.7	2 568.1
三门峡	18 912.5	19 478.6	22 911.1	25 627.2	30 341.8	2 609.8	2 661.5	3 069.3	3 622.5	3 967.0
南　阳	35 286.9	36 102.8	41 420.7	53 993.4	56 748.9	4 023.6	4 198.8	5 265.0	6 901.5	7 245.1
商　丘	36 203.7	47 278.8	57 426.3	61 189.3	66 778.2	5 113.9	6 296.6	7 803.3	8 591.7	8 680.7
信　阳	16 610.7	18 926.4	26 269.9	30 733.1	29 996.1	2 589.3	3 104.8	3 724.3	4 033.5	4 151.7
周　口	34 998.7	37 242.4	42 814.5	39 526.3	41 450.2	3 997.6	4 196.9	4 839.9	5 279.9	5 088.3
驻马店	34 494.9	41 125.7	44 641.8	53 340.9	54 528.8	3 747.4	4 090.4	5 060.0	6 230.4	5 798.6
济　源	9 196.9	9 507.4	9 923.2	8 567.0	8 706.8	932.5	800.3	916.2	815.9	819.7

地区	总氮/吨					总磷/吨				
	2016 年	2017 年	2018 年	2019 年	2020 年	2016 年	2017 年	2018 年	2019 年	2020 年
河南	102 647.2	117 789.3	128 888.8	134 154.1	143 519.5	10 814.9	14 031.8	14 746.1	15 031.8	16 620.4
郑州	25 005.9	36 365.1	36 135.4	37 508.1	37 477.2	3 278.5	5 598.3	5 033.1	4 634.7	5 344.3
开封	3 652.5	3 607.2	3 957.5	3 776.9	4 027.8	451.5	548.6	545.1	555.9	467.8
洛阳	9 883.5	10 438.7	13 413.8	15 068.5	15 707.0	1 419.5	1 425.1	755.9	1 279.6	1 723.4
平顶山	10 770.9	4 188.0	4 816.2	5 092.6	5 431.2	240.1	561.8	702.1	771.1	839.5
安阳	3 667.2	4 406.8	4 672.4	4 706.8	5 594.5	352.0	404.5	506.6	621.3	69.9
鹤壁	1 500.6	1 320.6	1 927.4	1 990.6	2 121.0	137.0	124.9	168.1	136.9	172.4
新乡	6 070.8	7 687.6	8 124.6	8 066.1	8 493.5	648.5	785.4	850.7	924.6	953.2
焦作	5 260.2	7 767.5	6 574.2	6 310.1	5 950.9	596.5	529.2	534.1	604.1	639.8
濮阳	4 028.1	4 201.2	4 393.7	5 487.7	5 201.7	327.7	457.4	669.1	599.8	651.8
许昌	4 381.9	6 829.6	8 784.1	8 235.2	7 613.2	318.3	438.1	933.1	821.2	552.3
漯河	2 732.0	2 545.6	2 705.0	2 400.8	2 468.2	349.0	454.2	398.2	466.2	528.4
三门峡	3 006.1	3 071.9	2 995.9	3 610.5	4 632.9	235.9	247.1	283.2	331.6	376.2
南阳	3 746.4	4 073.9	4 452.9	6 609.6	7 682.8	432.5	287.0	556.0	595.6	1 173.8
商丘	5 047.8	7 082.5	9 140.1	9 029.3	10 437.0	483.7	537.0	791.9	863.2	1 121.2
信阳	2 791.3	3 277.7	3 791.2	4 298.8	7 428.8	380.1	332.7	404.0	460.3	796.6
周口	4 676.1	4 345.1	5 193.1	4 788.0	5 599.3	567.8	511.6	752.9	593.4	564.6
驻马店	5 348.3	5 819.7	7 094.4	6 408.2	6 895.7	535.0	727.3	769.5	659.9	550.9
济源	1 077.6	760.6	717.0	766.4	756.8	61.2	61.5	92.5	112.4	94.4

地　区	挥发酚/吨					氰化物/吨				
	2016 年	2017 年	2018 年	2019 年	2020 年	2016 年	2017 年	2018 年	2019 年	2020 年
河　南	102.3	91.3	63.3	27.5	40.9	9.7	6.8	14.3	8.0	37.1
郑　州	72.4	55.5	28.6	8.5	26.2	9.3	1.3	4.6	0.4	29.5
开　封	0	0	0	0	1.7	0	0	0	0	0.3
洛　阳	0.5	2.2	0.4	0.3	0.1	0.2	0.2	0.2	0.2	0
平顶山	0	0	1.5	0	0	0	0	1.5	0	0
安　阳	3.0	0	0	0	0	0	0	0	0	0
鹤　壁	5.1	2.7	1.1	6.7	0	0	0	0	0	0
新　乡	1.2	0	0.1	0.9	0	0	0	0	1.2	0
焦　作	0	0	0	0.1	0.4	0	0	0	0	1.0
濮　阳	15.2	11.9	5.6	5.3	7.1	0	0	0	0.4	0.9
许　昌	1.2	1.3	0	0	0	0.2	0	0	0	0
漯　河	0.1	0	0	0	0	0	0	0	0	0
三门峡	0	15.1	23.8	2.7	4.6	0	4.6	7.3	5.0	5.1
南　阳	0	0.7	0.7	0.7	0.6	0	0.7	0.7	0.7	0.1
商　丘	0	0	0	0	0	0	0	0	0	0
信　阳	0	0	0	0	0	0	0	0	0	0
周　口	0	0	0	0	0	0	0	0	0	0
驻马店	3.4	1.9	1.5	2.2	0	0	0	0	0	0
济　源	0.3	0	0	0	0.2	0	0	0	0	0

表 6-13　各地区生活垃圾处理场（厂）情况

地　区	数量/家					本年运行费用/万元				
	2016 年	2017 年	2018 年	2019 年	2020 年	2016 年	2017 年	2018 年	2019 年	2020 年
河　南	125	122	122	127	115	28 639.5	26 465.4	31 471.6	40 733.4	91 906.0
郑　州	6	5	6	8	7	3 659.0	1 094.6	1 812.8	2 175.0	30 176.9
开　封	5	5	4	5	3	799.0	803.0	814.2	855.2	6 002.2
洛　阳	10	9	8	9	8	2 493.1	1 726.9	956.7	1 569.3	1 579.0
平顶山	7	7	7	7	7	1 876.0	1 673.9	1 898.7	2 384.3	1 783.0
安　阳	5	5	5	5	5	1 212.0	1 144.9	1 781.7	2 250.0	2 076.3
鹤　壁	5	4	4	4	4	1 169.4	655.0	678.0	957.0	1 107.0
新　乡	9	9	11	11	10	2 135.5	2 758.6	2 612.7	3 362.2	5 062.1
焦　作	7	7	6	5	5	1 529.1	1 640.5	1 246.0	1 346.0	1 275.2
濮　阳	5	5	5	7	7	1 140.5	1 379.0	1 611.0	3 205.4	3 562.0
许　昌	7	7	7	7	7	1 215.0	1 701.2	1 909.0	1 763.1	9 329.5
漯　河	3	3	3	3	4	480.0	436.0	2 437.0	3 533.2	9 284.0
三门峡	6	6	6	5	5	757.3	970.1	1 223.2	1 462.8	1 391.9
南　阳	12	12	12	12	12	3 273.1	2 940.9	3 212.8	4 444.1	4 254.3
商　丘	8	8	8	8	6	1 584.0	1 679.0	2 140.4	3 306.4	4 677.0
信　阳	10	10	10	9	8	2 018.0	2 318.8	3 069.4	4 099.7	4 265.5
周　口	10	10	10	11	8	1 145.8	1 360.0	1 622.0	1 768.8	3 111.6
驻马店	9	9	9	9	9	1 932.8	1 883.0	2 146.0	2 036.0	2 968.5
济　源	1	1	1	2	0	220.0	300.0	300.0	215.0	0

地区	累计完成投资/万元					新增固定资产/万元				
	2016年	2017年	2018年	2019年	2020年	2016年	2017年	2018年	2019年	2020年
河南	585 119.0	574 407.0	566 028.0	960 762.6	923 785.0	34 270.5	19 789.0	38 032.5	189 108.3	27 489.9
郑州	97 640.0	62 792.9	107 963.2	193 394.1	270 908.0	7 871.0	3 625.8	1 599.9	73 456.9	1 147.0
开封	12 264.0	49 862.9	50 077.7	81 202.8	45 434.4	189.0	1 099.8	1 244.2	132.3	1.3
洛阳	31 773.0	26 764.3	17 179.3	28 860.6	16 689.3	149.8	1 223.3	1 394.7	1 140.5	223.5
平顶山	53 687.0	27 267.7	23 187.5	22 084.0	21 087.4	390.0	68.9	2 823.6	1 130.0	0
安阳	27 438.6	27 905.7	25 390.9	26 172.2	25 186.4	0	124.0	123.2	904.1	38.4
鹤壁	21 005.0	15 960.0	15 412.0	17 015.0	16 954.0	0	1 430.5	2.7	1 603.0	1 422.2
新乡	31 279.1	45 873.7	41 355.7	84 595.5	51 156.4	686.1	128.7	818.2	4 520.2	1 303.4
焦作	29 584.9	30 006.8	27 528.3	26 066.1	27 012.1	11.0	17.0	217.5	312.8	1 051.8
濮阳	20 544.0	20 421.0	19 170.0	42 964.9	38 005.1	0	1 174.5	1 011.8	726.3	3 953.2
许昌	55 084.8	58 121.0	20 764.7	137 474.9	150 921.6	270.0	2 307.8	3 007.7	60 519.0	112.7
漯河	11 756.0	7 876.0	4 716.0	9 420.0	34 227.0	800.0	0	0	4 400.0	670.0
三门峡	15 890.0	17 837.8	20 194.8	19 946.7	20 491.8	0	100.0	7 784.0	0	631.0
南阳	54 963.8	49 877.6	47 869.3	55 377.4	44 814.5	2 216.0	803.7	2 266.6	3 904.8	3 025.9
商丘	22 168.6	31 749.8	33 629.8	34 804.8	28 487.0	647.0	385.0	1 880.0	3 050.0	2 373.0
信阳	30 038.0	19 101.7	24 416.1	27 899.6	39 674.6	150.0	3 081.0	3 238.8	7 173.6	738.8
周口	42 395.0	50 034.2	52 540.2	99 534.2	36 819.5	19 761.0	196.0	3 116.0	4 005.8	5 860.0
驻马店	22 207.0	26 953.9	28 458.6	31 408.0	55 916.0	1 129.6	4 022.9	7 329.6	8 821.0	4 937.8
济源	5 400.0	6 000.0	6 174.0	22 542.0	0	0	0	174.0	13 308.0	0

地　区	填埋量/万吨					堆肥量/万吨				
	2016 年	2017 年	2018 年	2019 年	2020 年	2016 年	2017 年	2018 年	2019 年	2020 年
河　南	1 221.3	1 521.3	1 738.6	1 862.7	2 041.0	5.1	7.3	9.4	9.1	9.3
郑　州	129.8	204.0	259.2	279.9	133.4	0	0	0	0	0
开　封	26.7	36.5	38.7	33.3	17.8	0	0	0	0	0
洛　阳	129.5	130.3	48.6	74.8	67.7	0	0	0	0	0
平顶山	78.9	73.7	92.9	102.0	135.2	0	0	0	0	0
安　阳	70.6	83.5	120.9	137.5	118.7	0	0	0	0	0
鹤　壁	45.0	30.1	48.1	50.1	55.6	0	0	0	0	0
新　乡	90.7	163.2	221.9	174.8	189.1	5.1	7.3	9.4	9.1	9.3
焦　作	57.6	63.7	62.4	82.8	100.4	0	0	0	0	0
濮　阳	50.7	74.3	78.3	96.7	154.8	0	0	0	0	0
许　昌	60.9	83.9	95.8	67.0	50.4	0	0	0	0	0
漯　河	30.3	38.3	36.7	48.5	115.8	0	0	0	0	0
三门峡	37.2	42.8	41.5	40.8	44.8	0	0	0	0	0
南　阳	120.6	132.4	152.9	151.5	212.4	0	0	0	0	0
商　丘	73.9	87.5	109.2	135.7	116.7	0	0	0	0	0
信　阳	76.7	106.0	97.7	91.3	109.7	0	0	0	0	0
周　口	56.5	73.5	114.5	139.4	185.4	0	0	0	0	0
驻马店	66.2	78.3	97.9	140.8	233.1	0	0	0	0	0
济　源	19.7	19.2	21.3	15.7	0	0	0	0	0	0

地区	焚烧量/万吨					其他方式处理量/万吨				
	2016年	2017年	2018年	2019年	2020年	2016年[①]	2017年	2018年	2019年	2020年
河南	161.9	144.8	151.9	255.6	320.9	—	58.1	28.2	77.7	34.1
郑州	80.0	72.0	53.4	103.4	213.7	—	0	0	0	0
开封	34.5	35.6	37.6	63.9	35.9	—	0	11.0	13.0	0
洛阳	0	0	0	1.2	0	—	0	0	0	0
平顶山	0	0	0	0	0	—	0.6	0	36.4	0
安阳	0	0	0	0	0	—	46.0	0	0	0
鹤壁	0	0	0	0	0	—	1.3	0	0	0
新乡	0	0	0	9.6	0	—	0	11.0	0	0
焦作	1.5	0.4	1.2	0	0	—	10.1	6.2	6.3	0
濮阳	0	0	0	0	0	—	0	0	0	0
许昌	24.5	20.3	20.1	17.7	71.3	—	0	0	0	0
漯河	0	0	0	0	0	—	0	0	0	5.5
三门峡	0	0	0	0	0	—	0	0	0	0
南阳	0	0	0	0	0	—	0	0	0	0
商丘	0	0	0	0	0	—	0	0	22.0	0
信阳	0	0	23.1	27.9	0	—	0	0	0	28.6
周口	21.4	16.5	16.5	28.2	0	—	0	0	0	0
驻马店	0	0	0	0	0	—	0	0	0	0
济源	0	0	0	3.7	0	—	0	0	0	0

注：①2016年未统计其他方式处理量。

表 6-14-1　各地区危险废物（医疗废物）集中处置厂情况

地　区	危险废物集中处置厂数量/家					医疗废物集中处置厂数量/家					本年运行费用/万元				
	2016 年	2017 年	2018 年	2019 年	2020 年	2016 年	2017 年	2018 年	2019 年	2020 年	2016 年	2017 年	2018 年	2019 年	2020 年
河　南	15	29	31	24	33	23	24	26	25	27	25 386.4	45 208.2	44 690.1	54 862.2	60 082.8
郑　州	6	7	8	8	9	1	1	1	1	1	8 911.0	10 880.8	14 421.0	16 775.9	8 997.0
开　封	0	0	0	0	0	2	2	2	2	2	883.0	1 106.4	1 111.0	931.0	1 058.0
洛　阳	0	5	5	3	4	1	1	1	1	1	1 519.1	6 479.1	2 869.2	2 729.0	6 246.0
平顶山	0	0	0	0	0	1	1	2	2	2	620.0	250.0	320.0	489.0	570.0
安　阳	0	1	1	1	1	2	2	2	2	2	406.0	1 304.9	1 827.8	1 422.0	1 379.0
鹤　壁	0	0	0	0	0	1	1	1	1	1	289.8	363.5	370.0	417.0	455.0
新　乡	0	2	2	1	2	1	1	2	2	2	650.0	5 385.1	2 896.7	4 492.0	3 057.0
焦　作	5	5	5	4	5	1	1	1	1	1	1 360.1	2 522.1	2 327.5	2 575.3	2 712.4
濮　阳	2	3	4	5	5	2	2	2	1	1	2 280.0	3 078.2	4 995.0	10 456.0	5 602.4
许　昌	0	0	0	0	0	1	1	1	1	1	669.0	787.0	766.0	1 108.0	1 109.0
漯　河	1	1	1	0	0	1	1	1	1	1	323.8	577.0	691.0	647.0	485.0
三门峡	0	0	0	0	1	1	1	1	1	1	150.0	400.0	400.0	500.0	1 101.0
南　阳	1	4	4	1	2	1	1	1	1	1	3 560.0	8 263.5	7 130.8	7 136.5	19 646.5
商　丘	0	0	0	0	1	2	2	2	2	2	1 433.0	1 260.0	1 512.0	1 585.0	3 341.3
信　阳	0	0	0	0	1	1	1	1	1	2	783.7	798.1	596.5	1 263.5	1 332.2
周　口	0	0	0	0	1	1	1	1	1	2	863.0	717.6	1 249.4	1 000.0	1 710.0
驻马店	0	1	1	1	1	2	3	3	3	3	625.0	876.9	986.0	1 125.0	1 139.0
济　源	0	0	0	0	0	1	1	1	1	1	60.0	158.0	220.2	210.0	142.0

地　区	累计完成投资/万元					新增固定资产/万元				
	2016 年	2017 年	2018 年	2019 年	2020 年	2016 年	2017 年	2018 年	2019 年	2020 年
河　南	132 040.0	169 456.9	176 430.7	249 641.3	267 244.0	12 531.7	10 915.2	14 043.5	9 543.2	11 544.9
郑　州	55 321.0	53 507.6	52 462.5	66 002.5	62 743.1	2 824.0	2 368.2	7 446.0	2 472.5	2 325.0
开　封	2 777.0	3 262.0	3 662.0	3 730.0	3 940.0	0	427.6	68.0	86.0	210.0
洛　阳	1 358.0	15 953.8	10 107.0	13 915.0	16 982.0	61.0	928.1	436.0	130.0	1 307.0
平顶山	6 152.0	2 764.0	3 764.0	3 742.0	4 000.0	2 746.0	0	55.0	0	5.0
安　阳	4 170.0	2 070.0	2 918.4	3 072.6	3 869.3	10	324.6	424.9	227.2	197.7
鹤　壁	1 045.0	1 045.0	1 045.0	1 261.0	485.0	0	0	0	36.0	30.0
新　乡	1 402.0	21 802.0	24 273.5	15 658.0	14 537.0	0	1 895.0	1 360.5	391.4	132.0
焦　作	15 585.0	13 654.0	13 939.2	14 529.0	21 568.0	2 176.0	804.0	396.2	135.8	1 079.7
濮　阳	6 253.0	9 690.0	12 268.0	71 347.0	31 677.7	3 327.0	1 490.0	1 381.0	709.0	965.7
许　昌	1 280.0	1 305.0	1 400.0	1 450.0	2 660.0	0	25.0	10.0	0	0
漯　河	1 189.0	1 439.0	1 417.0	1 416.0	1 482.0	0	0	41.0	159.0	56.0
三门峡	1 000.0	600.0	800.0	1 100.0	12 145.0	0	0	100.0	50.0	258.0
南　阳	22 731.0	30 419.1	34 610.4	36 596.9	56 400.0	1 200.0	1 994.0	1 574.8	3 895.5	662.6
商　丘	3 130.0	3 065.0	4 121.0	3 800.0	14 344.0	0	38.0	85.0	92.0	158.5
信　阳	1 610.0	1 353.7	1 353.7	1 981.3	5 482.9	0	54.1	153.0	98.9	2 868.8
周　口	2 417.0	2 516.7	2 614.2	3 680.0	6 226.0	127.7	26.7	97.5	240.0	266.0
驻马店	3 120.0	4 320.0	4 744.0	5 000.0	7 200.0	60.0	120.0	410.0	820.0	1 020.0
济　源	1 500.0	690.0	930.8	1 360.0	1 502.0	0	420.0	4.6	0	2.8

地区	危险废物实际处置量/吨					危险废物综合利用量/吨				
	2016 年	2017 年	2018 年	2019 年	2020 年	2016 年	2017 年	2018 年	2019 年	2020 年
河　南	130 292.8	183 808.3	225 405.2	404 947.0	194 415.1	26 347.3	197 323.0	247 281.4	318 027.9	300 681.8
郑　州	58 262.3	83 150.3	111 383.4	186 244.4	46 182.2	8 538.8	37 604.0	60 223.6	133 578.1	128 990.9
开　封	1 862.8	3 068.0	3 889.9	3 898.4	4 005.3	0	0	0	0	0
洛　阳	4 042.0	4 178.0	5 780.4	7 861.6	5 165.0	0	46 036.7	65 250.0	73 059.8	42 665.1
平顶山	2 016.0	2 110.0	2 528.3	2 595.7	2 482.3	0	0	0	0	0
安　阳	5 470.8	2 523.2	2 591.4	3 825.4	3 000.8	0	439.6	390.5	297.7	254.1
鹤　壁	838.3	992.7	1 029.0	891.2	895.0	0	0	0	0	0
新　乡	2 456.0	14 083.7	11 761.0	61 915.0	4 271.6	0	80 675.0	57 660.2	58 858.0	33 236.5
焦　作	12 871.4	14 582.0	20 185.7	31 248.3	2 479.0	11 025.5	18 326.2	24 815.8	28 910.3	35 475.4
濮　阳	6 205.3	11 087.5	23 704.1	33 068.8	10 761.8	6 103.0	5 400.0	10 201.6	21 467.0	24 257.2
许　昌	1 609.0	1 716.0	1 788.0	1 883.0	2 108.0	0	0	0	1 806.8	0
漯　河	1 618.0	1 223.0	1 376.6	1 570.0	1 546.6	680.0	766.5	249.0	0	0
三门峡	1 443.0	1 490.0	1 550.0	1 751.0	11 145.7	0	0	0	0	0
南　阳	21 601.8	32 213.2	25 816.7	55 246.6	69 675.6	0	8 040.2	28 385.7	0	32 873.6
商　丘	2 444.3	3 141.1	3 395.9	2 874.9	18 756.3	0	0	0	0	0
信　阳	1 868.1	1 800.0	1 800.0	2 897.3	3 119.4	0	0	0	0	1 800.0
周　口	2 614.0	2 737.5	2 761.8	3 329.7	5 195.1	0	0	0	0	1 113.0
驻马店	2 498.5	3 104.2	3 596.1	3 351.7	3 118.3	0	34.7	105.0	50.2	16.0
济　源	571.3	608.0	467.0	494.0	507.0	0	0	0	0	0

表 6-14-2　各地区危险废物（医疗废物）集中处置厂危险废物实际处置情况

地　区	工业危险废物处置量/吨					医疗废物处置量/吨					其他危险废物处置量/吨				
	2016 年	2017 年	2018 年	2019 年	2020 年	2016 年	2017 年	2018 年	2019 年	2020 年	2016年	2017年	2018年	2019年	2020年
河　南	75 886.5	100 178.1	109 497.8	321 559.9	121 972.9	54 023.6	59 278.6	63 610.2	67 664.1	72 057.1	382.7	24 351.6	52 297.2	15 723.1	385.0
郑　州	39 369.3	40 737.8	42 209.8	164 542.8	23 821.0	18 510.3	20 615.9	20 798.5	21 701.6	22 361.2	382.7	21 796.6	48 375.0	0	0
开　封	0	0	0	0	0	1 862.8	3 068.0	3 889.9	3 898.4	3 620.3	0	0	0	0	385.0
洛　阳	0	0	1 082.4	2 705.6	0	4 042.0	4 178.0	4 698.0	5 156.0	5 165.0	0	0	0	0	0
平顶山	0	0	0	0	0	2 016.0	2 110.0	2 528.3	2 595.7	2 482.3	0	0	0	0	0
安　阳	0	435.0	390.5	297.7	0	5 470.8	2 088.2	2 200.9	3 119.2	3 000.8	0	0	0	408.5	0
鹤　壁	0	0	0	0	0	838.3	992.7	1 029.0	891.2	895.0	0	0	0	0	0
新　乡	0	9 028.7	5 081.2	55 212.7	0	2 456.0	2 500.0	2 757.6	3 050.0	4 271.6	0	2 555.0	3 922.2	3 652.4	0
焦　作	11 028.4	12 660.0	18 267.7	23 361.5	0	1 843.0	1 922.0	1 918.0	2 338.0	2 479.0	0	0	0	5 548.8	0
濮　阳	5 400.0	9 637.6	21 720.5	25 486.8	8 748.1	805.3	1 449.9	1 983.6	2 115.0	2 013.7	0	0	0	5 467.0	0
许　昌	0	0	0	0	0	1 609.0	1 716.0	1 788.0	1 883.0	2 108.0	0	0	0	0	0
漯　河	680.0	0	0	0	0	938.0	1 223.0	1 376.6	1 570.0	1 546.6	0	0	0	0	0
三门峡	0	0	0	0	9 594.7	1 443.0	1 490.0	1 550.0	1 751.0	1 551.0	0	0	0	0	0
南　阳	19 408.8	27 644.2	20 640.7	49 902.6	64 237.6	2 193.0	4 569.0	5 176.0	5 344.0	5 438.0	0	0	0	0	0
商　丘	0	0	0	0	15 571.5	2 444.3	3 141.1	3 395.9	2 874.9	3 184.8	0	0	0	0	0
信　阳	0	0	0	0	0	1 868.1	1 800.0	1 800.0	2 897.3	3 119.4	0	0	0	0	0
周　口	0	0	0	0	0	2 614.0	2 737.5	2 761.8	3 329.7	5 195.1	0	0	0	0	0
驻马店	0	34.7	105.0	50.2	0	2 498.5	3 069.4	3 491.1	2 655.1	3 118.3	0	0	0	646.4	0
济　源	0	0	0	0	0	571.3	608.0	467.0	494.0	507.0	0	0	0	0	0

7

各工业行业污染排放及治理统计

表 7-1-1 各工业行业工业废水中污染物排放量（化学需氧量、氨氮）

单位：吨

行业名称	化学需氧量					氨氮				
	2016 年	2017 年	2018 年	2019 年	2020 年	2016 年	2017 年	2018 年	2019 年	2020 年
行业汇总	39 269.5	23 879.6	21 005.0	18 026.7	11 837.4	1 542.9	1 078.6	1 014.6	946.0	622.9
农、林、牧、渔专业及辅助性活动	0	6.6	0	0	0.9	0	0.5	0	0	0
煤炭开采和洗选业	1 567.7	1 291.2	1 291.1	1 092.4	555.9	6.3	6.3	5.5	6.6	8.1
石油和天然气开采业	0	3.3	0	0	0	0	0	0	0	0
黑色金属矿采选业	835.8	2.4	0	0	0	0	0	0	0	0
有色金属矿采选业	40.7	6.0	5.4	4.1	9.6	2.4	0.6	0.5	0.1	0.1
非金属矿采选业	7.7	1.6	1.6	0	0	2.2	0.4	0.4	0	0
开采专业及辅助性活动	0	33.4	39.1	27.6	0	0	2.1	2.7	1.5	0
其他采矿业	0	0	0	0	0	0	0	0	0	0
农副食品加工业	7 972.6	4 420.2	3 858.7	3 262.8	1 011.6	273.6	151.2	149.9	133.4	61.4
食品制造业	2 393.9	1 298.3	1 481.1	1 192.9	663.0	114.8	48.7	39.7	35.4	30.1
酒、饮料和精制茶制造业	3 188.4	2 038.8	1 797.0	1 436.4	995.5	102.1	61.3	65.8	70.1	55.2
烟草制品业	42.3	30.9	27.9	20.8	15.1	1.3	0.8	0.6	0.7	1.3
纺织业	407.8	639.7	598.2	446.2	641.5	9.7	16.8	12.1	6.8	20.8
纺织服装、服饰业	99.1	86.9	59.2	57.6	71.0	4.7	2.7	1.0	4.5	5.4
皮革、毛皮、羽毛及其制品和制鞋业	1 998.8	890.5	769.9	750.4	498.3	78.6	47.2	45.9	45.3	46.2
木材加工和木、竹、藤、棕、草制品业	57.3	9.5	8.7	9.4	6.4	0	0	0	0	0.2
家具制造业	16.9	1.0	0.2	5.0	1.2	0	0	0	0	0
造纸和纸制品业	3 619.9	3 145.1	2 411.1	2 077.1	1 442.2	59.6	58.3	48.2	37.7	39.1
印刷和记录媒介复制业	21.6	9.2	4.6	6.0	4.7	1.3	1.1	0.4	0.8	0.2

行业名称	化学需氧量					氨氮				
	2016 年	2017 年	2018 年	2019 年	2020 年	2016 年	2017 年	2018 年	2019 年	2020 年
文教、工美、体育和娱乐用品制造业	47.0	33.6	28.7	27.0	98.7	4.1	2.8	1.8	2.4	1.8
石油、煤炭及其他燃料加工业	720.2	708.8	183.6	224.6	567.1	24.9	24.3	13.5	10.6	36.0
化学原料和化学制品制造业	7 602.1	4 274.2	3 968.5	3 150.0	2 077.4	485.7	326.8	343.6	303.5	149.4
医药制造业	1 829.8	1 646.5	1 232.5	1 252.5	567.5	141.3	177.5	123.6	109.9	46.3
化学纤维制造业	919.6	758.1	851.1	716.4	442.0	28.2	52.8	57.2	50.7	13.8
橡胶和塑料制品业	463.1	22.4	7.8	13.9	40.2	5.8	1.0	0.7	0.9	1.6
非金属矿物制品业	1 794.5	325.5	130.4	104.9	113.1	11.1	1.4	1.0	1.5	1.1
黑色金属冶炼和压延加工业	267.9	70.0	61.2	67.8	180.1	0.3	1.2	0.2	0.2	2.4
有色金属冶炼和压延加工业	353.5	147.2	208.3	244.2	125.0	42.7	7.7	2.2	1.3	14.6
金属制品业	844.2	47.7	41.4	33.5	151.7	11.9	0.6	0.6	0.7	2.0
通用设备制造业	81.4	55.8	24.5	19.0	23.0	1.8	0.6	0.3	0.3	0.2
专用设备制造业	25.0	35.2	5.0	4.4	37.9	0.2	0.3	0	0	1.5
汽车制造业	136.8	66.9	88.4	81.4	104.1	1.9	0.1	0.1	0.1	2.5
铁路、船舶、航空航天和其他运输设备制造业	176.2	49.3	39.2	33.7	28.0	0.1	0.2	0.1	0.1	1.5
电气机械和器材制造业	146.5	369.7	319.3	337.9	119.9	11.9	3.7	4.5	23.3	5.5
计算机、通信和其他电子设备制造业	31.3	22.0	46.0	72.5	296.8	2.4	2.4	2.7	10.3	15.2
仪器仪表制造业	3.5	2.4	1.7	0.8	4.8	0	0	0	0	0.2
其他制造业	21.7	1.7	1.9	0.2	8.7	1.9	0.6	0.7	0	0.1
废弃资源综合利用业	206.9	67.2	42.0	41.3	1.2	0.4	0.6	0.3	0.2	0.3
金属制品、机械和设备修理业	0	1.9	0	0	0	0	0.1	0	0	0
电力、热力生产和供应业	945.5	832.3	964.1	1 075.4	876.4	97.9	64.3	76.5	77.6	56.3
燃气生产和供应业	0	0	0	0	0	0	0	0	0	0
水的生产和供应业	382.2	426.7	405.4	136.4	57.1	11.6	11.9	12.3	9.4	2.4

表 7-1-2 各工业行业工业废水中污染物排放量（总氮、总磷）

单位：吨

行业名称	总氮					总磷				
	2016 年	2017 年	2018 年	2019 年	2020 年	2016 年	2017 年	2018 年	2019 年	2020 年
行业汇总	7 480.4	5 483.7	5 483.1	5 191.0	3 331.0	446.6	183.9	125.8	118.4	87.4
农、林、牧、渔专业及辅助性活动	0	1.8	0	0	0.1	0	0.5	0	0	0
煤炭开采和洗选业	49.0	17.1	20.4	26.5	16.4	0	0.3	0	0	0.1
石油和天然气开采业	0	0	0	0	0	0	0	0	0	0
黑色金属矿采选业	0	0	0	0	0	0	0	0	0	0
有色金属矿采选业	3.0	0.6	0.4	0.6	0.1	0	0	0	0	0
非金属矿采选业	2.2	0.4	0.4	0	0	0	0	0	0	0
开采专业及辅助性活动	0	0.1	0.2	0.1	0	0	0	0	0	0
其他采矿业	0	0	0	0	0	0	0	0	0	0
农副食品加工业	1 256.2	813.7	905.9	1 016.3	262.4	158.5	71.3	57.5	56.3	18.1
食品制造业	808.5	639.0	608.7	650.7	183.3	8.3	16.7	7.6	12.1	4.4
酒、饮料和精制茶制造业	814.0	708.6	704.7	610.6	217.2	152.1	23.4	22.3	17.9	10.4
烟草制品业	19.2	5.3	7.0	9.6	6.8	0	0	0	0	0.1
纺织业	67.8	111.1	106.9	84.4	104.8	2.4	3.9	3.6	2.6	3.8
纺织服装、服饰业	17.1	21.2	4.7	13.1	16.3	6.4	1.1	0.3	0.2	5.9
皮革、毛皮、羽毛及其制品和制鞋业	396.6	228.7	215.2	201.4	169.5	3.6	5.1	3.8	3.0	4.7
木材加工和木、竹、藤、棕、草制品业	0.6	0.3	0.2	0.2	0.3	0	0	0	0	0
家具制造业	0	0	0	0	0.2	0	0	0	0	0
造纸和纸制品业	286.2	113.9	104.3	85.7	232.7	4.3	4.2	4.0	4.3	4.5
印刷和记录媒介复制业	2.2	1.0	0.6	1.5	1.0	0	0	0	0	0

行业名称	总氮					总磷				
	2016 年	2017 年	2018 年	2019 年	2020 年	2016 年	2017 年	2018 年	2019 年	2020 年
文教、工美、体育和娱乐用品制造业	20.0	10.8	16.9	13.5	10.2	1.0	1.0	0.4	0.2	0.3
石油、煤炭及其他燃料加工业	158.0	136.9	151.0	178.9	313.7	0.9	0.3	0.1	0.1	3.5
化学原料和化学制品制造业	2 564.7	1 917.1	1 812.5	1 318.4	809.7	76.7	24.3	8.1	10.2	12.9
医药制造业	402.1	412.9	442.5	453.0	249.9	7.5	9.4	7.2	7.0	5.3
化学纤维制造业	69.5	65.2	105.3	118.7	83.0	3.6	2.6	2.6	2.1	1.4
橡胶和塑料制品业	40.3	3.8	3.2	15.4	6.2	0.1	0.1	0	0	0.1
非金属矿物制品业	35.4	3.2	3.0	33.1	7.9	0	0	0	0	0.1
黑色金属冶炼和压延加工业	0.1	1.9	0.1	0.3	11.5	0	0.2	0	0	0.2
有色金属冶炼和压延加工业	88.0	31.3	21.6	45.6	26.4	0	1.5	0	0	0.3
金属制品业	33.2	4.2	1.0	1.4	13.1	3.7	7.2	0.6	0.6	1.4
通用设备制造业	1.2	0.6	0.4	0.2	1.1	0.1	0	0	0	0.1
专用设备制造业	6.5	2.6	0.2	0	5.6	0	1.0	0	0	0.1
汽车制造业	23.2	4.4	6.0	16.0	25.4	8.4	0.6	0.4	0.3	1.5
铁路、船舶、航空航天和其他运输设备制造业	0.6	1.4	2.7	0.6	8.7	0	2.1	1.0	0.1	0.1
电气机械和器材制造业	15.2	18.2	14.6	15.2	56.9	0.5	0.7	0	0	0.3
计算机、通信和其他电子设备制造业	31.9	10.1	13.8	93.5	129.4	2.7	0.4	0.2	0.4	1.6
仪器仪表制造业	0.2	0.1	0.5	0.5	4.1	0	0	0	0	0.1
其他制造业	5.9	1.7	1.9	0.1	0.9	0.1	0.1	0.2	0	0.1
废弃资源综合利用业	1.6	2.2	1.0	0.6	0.8	0	0.3	0.2	0.2	0
金属制品、机械和设备修理业	0	0	0	0	0	0	0	0	0	0
电力、热力生产和供应业	129.9	58.3	65.7	146.7	325.2	0.6	0.3	0.2	0.3	4.9
燃气生产和供应业	0.2	1.3	1.3	0.7	0	0	0	0	0	0
水的生产和供应业	130.0	133.0	137.9	37.8	30.1	5.0	5.1	5.3	0.5	0.8

表 7-1-3　各工业行业工业废水中污染物排放量（石油类、挥发酚）

行业名称	石油类/吨					挥发酚/千克				
	2016 年	2017 年	2018 年	2019 年	2020 年	2016 年	2017 年	2018 年	2019 年	2020 年
行业汇总	161.4	154.0	103.8	96.8	46.5	3 301.8	2 728.3	1 472.5	1 414.1	650.9
农、林、牧、渔专业及辅助性活动	0	0	0	0	0	0	0	0	0	0
煤炭开采和洗选业	33.1	21.2	21.1	21.1	4.9	0	0	0	0	0
石油和天然气开采业	0	0.3	0	0	0	0	0	0	0	0
黑色金属矿采选业	0	0.2	0	0	0	0	0	0	0	0
有色金属矿采选业	0	0	0	0	0	0	0	0	0	0
非金属矿采选业	0	0	0	0	0	0	0	0	0	0
开采专业及辅助性活动	0	0.1	0	0	0	0	0	0	0	0
其他采矿业	0	0	0	0	0	0	0	0	0	0
农副食品加工业	0	5.4	0	0	0.5	0	0	0	0	0
食品制造业	0	5.7	1.9	2.6	1.8	0	0	0	0	0
酒、饮料和精制茶制造业	0	0	0	0	0	0	0	0	0	0
烟草制品业	0	0	0	0	0	0	0	0	0	0
纺织业	0	0	0	0	0.2	0	0	0	0	0
纺织服装、服饰业	0	0	0	0	0.1	0	0	0	0	0
皮革、毛皮、羽毛及其制品和制鞋业	0	0.2	0.1	0	0.8	0	0	0	0	0
木材加工和木、竹、藤、棕、草制品业	0	0	0	0	0	0	0	0	0	0
家具制造业	0	0	0	0	0	0	0	0	0	0
造纸和纸制品业	0	0.4	0	0	0	0	0	0	0	0
印刷和记录媒介复制业	0	0.5	0	0	0	0	0	0	0	0.3

行业名称	石油类/吨					挥发酚/千克				
	2016 年	2017 年	2018 年	2019 年	2020 年	2016 年	2017 年	2018 年	2019 年	2020 年
文教、工美、体育和娱乐用品制造业	0	0	0	0	0	0	0	0	0	0
石油、煤炭及其他燃料加工业	16.4	8.8	9.9	10.8	5.8	786.6	785.0	225.4	225.4	460.6
化学原料和化学制品制造业	48.2	35.4	19.3	17.7	9.1	2 136.1	1 558.3	1 247.0	1 188.7	187.6
医药制造业	4.3	0.9	0.9	0.1	0.5	0	5.7	0	0	0
化学纤维制造业	0	4.4	0	0	0	0	0	0	0	0
橡胶和塑料制品业	0	0.1	0.1	0	0.5	0	0	0	0	0
非金属矿物制品业	0	0.2	0.1	0.2	0	0	0	0	0	0.5
黑色金属冶炼和压延加工业	2.7	2.3	2.1	0.5	0.7	379.0	379.0	0	0	0
有色金属冶炼和压延加工业	29.6	33.7	28.3	28.3	8.8	0	0	0	0	0
金属制品业	3.9	3.5	2.3	1.3	6.0	0	0	0	0	0
通用设备制造业	7.3	7.0	1.3	0.6	1.2	0	0	0	0	0
专用设备制造业	7.2	4.3	0.5	0.3	0.6	0	0	0	0	0
汽车制造业	6.7	14.1	13.8	11.0	4.1	0	0	0	0	0.1
铁路、船舶、航空航天和其他运输设备制造业	0.1	1.7	1.8	2.2	0.2	0	0	0	0	0
电气机械和器材制造业	0	0.9	0	0	0.1	0	0	0	0	0
计算机、通信和其他电子设备制造业	0	1.0	0	0	0.1	0	0.3	0	0	0
仪器仪表制造业	1.6	0	0.1	0.1	0	0	0	0	0	0
其他制造业	0	0	0	0	0	0	0	0	0	0
废弃资源综合利用业	0	1.2	0	0	0	0	0	0	0	0
金属制品、机械和设备修理业	0	0	0	0	0	0	0	0	0	0
电力、热力生产和供应业	0.2	0	0	0	0.4	0	0	0	0	1.8
燃气生产和供应业	0.1	0.2	0.1	0.1	0	0	0	0	0	0
水的生产和供应业	0	0	0	0	0	0	0	0	0	0

表 7-1-4 各工业行业工业废水中污染物排放量（氰化物、重金属）

单位：千克

行业名称	氰化物					重金属				
	2016 年	2017 年	2018 年	2019 年	2020 年	2016 年	2017 年	2018 年	2019 年	2020 年
行业汇总	1 087.7	1 494.9	1 373.4	1 372.9	475.1	4 523.4	4 048.7	3 691.1	3 784.2	1 279.8
农、林、牧、渔专业及辅助性活动	0	0	0	0	0	0	0	0	0	0
煤炭开采和洗选业	0	0	0	0	0	1 037.6	1 039.8	1 037.6	1 037.6	28.3
石油和天然气开采业	0	0	0	0	0	0	0	0	0	0
黑色金属矿采选业	0	0	0	0	0	0	0	0	0	0
有色金属矿采选业	0	0	0	0	158.5	5.6	1.1	2.3	3.8	15.8
非金属矿采选业	0	0	0	0	0	0	0	0	0	0
开采专业及辅助性活动	0	0	0	0	0	0	8.2	8.1	8.1	0
其他采矿业	0	0	0	0	0	0	0	0	0	0
农副食品加工业	0	0	0	0	0	0	0	0	0	0
食品制造业	0	0	0	0	0	0	0	0	0	0
酒、饮料和精制茶制造业	0	0	0	0	0	0	0	0	0	0
烟草制品业	0	0	0	0	0	0	0	0	0	0
纺织业	0	0	0	0	0	0	0.1	0	0	0
纺织服装、服饰业	0	0	0	0	0	0	0	0	0	0
皮革、毛皮、羽毛及其制品和制鞋业	0	0	0	0	0	2 446.0	2 005.3	1 691.1	1 875.2	825.6
木材加工和木、竹、藤、棕、草制品业	0	0	0	0	0	0	0	0	0	0
家具制造业	0	0	0	0	0	0	0	0	0	0
造纸和纸制品业	0	0	0	0	0	0	0	0	0	0
印刷和记录媒介复制业	0	0	0	0	0.5	0	0	0	0	0

行业名称	氰化物					重金属				
	2016 年	2017 年	2018 年	2019 年	2020 年	2016 年	2017 年	2018 年	2019 年	2020 年
文教、工美、体育和娱乐用品制造业	0	0	0	0	0	0	0	0	0	0
石油、煤炭及其他燃料加工业	25.1	17.2	0	0	194.3	66.8	67.3	66.8	66.8	0
化学原料和化学制品制造业	892.3	1 424.8	1 372.9	1 372.9	108.5	330.4	349.3	337.0	336.5	109.4
医药制造业	0	0.1	0	0	0	0	1.1	0	0	0
化学纤维制造业	0	0	0	0	0	0	0	0	0	0
橡胶和塑料制品业	0	0	0	0	0	0	0	0	0	0
非金属矿物制品业	0	0	0	0	0	0	2.0	0	0	0
黑色金属冶炼和压延加工业	39.6	39.6	0	0	0.3	0	10.5	10.4	10.4	0
有色金属冶炼和压延加工业	130.7	12.8	0.5	0	0	251.7	213.8	226.0	167.2	176.0
金属制品业	0.1	0	0	0	0	0	0.3	0.8	0	0
通用设备制造业	0	0	0	0	0	0	0	0	0	0
专用设备制造业	0	0.2	0	0	1.7	8.2	7.0	4.7	9.0	25.7
汽车制造业	0	0	0	0	0.4	97.5	50.3	26.9	9.1	0.1
铁路、船舶、航空航天和其他运输设备制造业	0	0	0	0	10.5	0	0.2	0	0	0
电气机械和器材制造业	0	0	0	0	0	279.5	282.4	279.5	260.6	94.9
计算机、通信和其他电子设备制造业	0	0.3	0	0	0.3	0	9.3	0	0	2.1
仪器仪表制造业	0	0	0	0	0	0	0.5	0	0	0
其他制造业	0	0	0	0	0	0	0	0	0	0
废弃资源综合利用业	0	0	0	0	0	0	0	0	0	1.8
金属制品、机械和设备修理业	0	0	0	0	0	0	0	0	0	0
电力、热力生产和供应业	0	0	0	0	0	0	0	0	0	0
燃气生产和供应业	0	0	0	0	0	0	0	0	0	0
水的生产和供应业	0	0	0	0	0	0	0	0	0	0

表 7-2-1　各工业行业工业废气中污染物排放量（二氧化硫、氮氧化物）

单位：吨

行业名称	二氧化硫					氮氧化物				
	2016 年	2017 年	2018 年	2019 年	2020 年	2016 年	2017 年	2018 年	2019 年	2020 年
行业汇总	370 877.8	130 650.4	113 707.4	96 567.1	56 958.0	348 283.4	214 377.9	171 015.4	134 570.1	103 426.0
农、林、牧、渔专业及辅助性活动	0	3.1	0	0	7.7	0	11.2	0	0	5.4
煤炭开采和洗选业	584.1	148.7	6.4	3.9	35.1	2 293.7	641.9	235.4	175.0	41.8
石油和天然气开采业	350.5	354.3	419.1	282.6	23.0	273.8	220.0	252.9	223.5	126.0
黑色金属矿采选业	0	68.8	84.3	238.4	0	31.1	88.6	95.2	258.3	0
有色金属矿采选业	214.4	12.2	6.5	37.0	1.8	123.4	243.7	80.7	82.4	0.9
非金属矿采选业	473.4	161.0	31.1	35.5	12.7	2 968.9	955.4	115.7	172.3	76.7
开采专业及辅助性活动	0	1.4	0	0	31.6	1.0	52.8	3.7	2.9	25.2
其他采矿业	0	0	0	0	0	0	3.7	0	0	0
农副食品加工业	21 340.0	991.1	797.4	703.6	184.0	5 074.2	1 367.6	1 194.5	989.1	390.7
食品制造业	7 612.0	660.7	542.9	163.9	198.9	4 684.2	935.6	867.1	528.2	271.8
酒、饮料和精制茶制造业	3 841.4	645.9	537.7	440.7	81.9	1 077.8	572.3	586.2	408.5	301.0
烟草制品业	168.2	13.3	0.2	0.4	1.1	227.7	67.5	58.0	28.1	15.8
纺织业	1 239.2	203.4	202.8	95.4	86.5	309.0	228.6	219.9	155.3	142.0
纺织服装、服饰业	418.6	23.2	14.7	4.4	2.1	489.3	43.8	35.3	19.9	6.4
皮革、毛皮、羽毛及其制品和制鞋业	417.1	81.5	69.2	55.3	4.6	420.0	141.1	101.3	77.0	39.7
木材加工和木、竹、藤、棕、草制品业	12 647.5	862.4	675.0	592.1	612.0	11 472.1	1 102.6	938.5	1 001.7	284.0
家具制造业	7.1	2.7	1.3	0.7	0.4	56.2	57.6	32.6	65.6	3.9
造纸和纸制品业	3 623.7	1 361.1	567.5	379.8	248.2	3 272.7	1 944.8	1 085.0	824.7	586.5
印刷和记录媒介复制业	24.9	2.5	2.0	4.0	3.9	72.0	49.9	24.7	16.3	4.8

行业名称	二氧化硫					氮氧化物				
	2016 年	2017 年	2018 年	2019 年	2020 年	2016 年	2017 年	2018 年	2019 年	2020 年
文教、工美、体育和娱乐用品制造业	2170	75.6	54.6	41.6	0.4	70.2	33.7	23.4	20.8	5.1
石油、煤炭及其他燃料加工业	16 888.4	3 474.1	2 640.4	1 694.3	1 227.3	20 369.6	13 974.0	10 282.1	1 325.7	3 883.7
化学原料和化学制品制造业	34 486.3	7 148.3	4 546.6	3 628.8	2 722.7	21 981.6	10 758.6	10 124.5	7 584.8	5 687.8
医药制造业	5 572.2	374.5	153.6	127.2	124.5	1 327.6	542.0	356.6	311.1	143.5
化学纤维制造业	648.8	76.7	79.1	70.1	30.8	1 401.1	671.7	278.8	351.6	204.0
橡胶和塑料制品业	2 070.0	125.8	101.0	74.0	10.1	862.9	286.2	243.3	209.0	99.7
非金属矿物制品业	87 470.0	42 304.2	35 556.0	27 979.0	22 533.4	123 217.1	81 764.8	59 029.2	35 452.9	30 579.3
黑色金属冶炼和压延加工业	43 194.6	15 361.9	14 055.7	11 437.0	6 168.4	31 017.2	34 734.9	27 387.8	26 239.4	16 664.8
有色金属冶炼和压延加工业	43 233.4	28 031.5	23 143.7	21 148.6	3 882.6	29 249.1	15 530.5	12 095.0	10 424.8	5 365.2
金属制品业	1 486.3	297.8	447.0	392.0	45.0	1 948.2	1 069.2	1 299.4	1 525.9	113.5
通用设备制造业	2 480.1	197.1	6.3	3.8	1.1	10 586.2	272.9	106.0	268.6	6.3
专用设备制造业	2.6	24.6	1.7	0.8	5.9	524.7	304.9	48.0	72.5	85.8
汽车制造业	66.5	2.6	1.6	2.3	12.2	1 277.2	441.5	434.1	395.9	50.5
铁路、船舶、航空航天和其他运输设备制造业	26.7	104.3	64.7	59.4	8.8	10.1	263.1	140.2	129.6	22.5
电气机械和器材制造业	45.4	2.7	3.5	3.0	0.3	182.6	280.3	121.1	69.2	15.5
计算机、通信和其他电子设备制造业	8.5	2.7	0.1	1.7	0.3	40.4	24.4	14.7	36.4	9.7
仪器仪表制造业	0.1	0	0	0	0.2	0.9	6.1	0.4	0.4	2.0
其他制造业	759.4	9.6	5.6	1.0	1.6	1 727.7	27.6	14.4	81.6	10.0
废弃资源综合利用业	332.4	191.3	74.7	116.0	272.4	1 294.8	279.2	117.8	405.3	78.5
金属制品、机械和设备修理业	0	0.2	0	0	0	0	5.6	0	0	0
电力、热力生产和供应业	76 676.8	27 224.5	28 813.2	26 748.6	18 374.2	68 120.4	44 286.8	42 966.2	44 632.8	38 076.1
燃气生产和供应业	297.2	22.9	0.1	0.1	0	226.7	88.4	5.7	3.1	0
水的生产和供应业	0	0	0	0	0	0	2.7	0	0	0

表 7-2-2　各工业行业工业废气中污染物排放量（颗粒物、挥发性有机物）

单位：吨

行业名称	颗粒物					挥发性有机物（VOCs）
	2016 年	2017 年	2018 年	2019 年	2020 年	2020 年
行业汇总	323 629.2	218 293.4	182 920.4	149 996.1	60 790.7	23 055.1
农、林、牧、渔专业及辅助性活动	0	10.1	0	0	0.8	0.9
煤炭开采和洗选业	25 437.8	24 549.6	20 171.8	13 329.3	13 724.9	6.2
石油和天然气开采业	288.8	40.4	45.3	37.5	19.8	2.8
黑色金属矿采选业	1 306.1	384.5	395.0	401.9	167.4	0
有色金属矿采选业	649.1	3 099.7	2 589.1	2 224.5	4 402.8	0.8
非金属矿采选业	8 974.2	5 753.6	5 633.0	4 790.6	583.2	14.8
开采专业及辅助性活动	0	4 926.3	0	0	2.2	0
其他采矿业	0	105.3	0	0	0	0
农副食品加工业	16 494.2	2 702.9	2 832.4	6 767.0	612.7	40.2
食品制造业	5 047.0	383.5	352.2	119.0	37.8	54.1
酒、饮料和精制茶制造业	5 476.1	413.6	899.7	469.7	60.1	74.3
烟草制品业	956.9	236.1	317.5	11.5	1.4	2.6
纺织业	748.6	338.8	268.1	268.4	56.5	152.8
纺织服装、服饰业	3 730.5	21.0	553.7	8.1	0.2	1.3
皮革、毛皮、羽毛及其制品和制鞋业	2 676.4	1 841.4	127.6	60.5	29.8	106.5
木材加工和木、竹、藤、棕、草制品业	13 382.6	6 592.1	3 743.3	4 304.3	461.4	1 322.8
家具制造业	611.5	710.2	433.1	717.3	153.7	148.1
造纸和纸制品业	2 593.8	546.6	253.4	218.5	117.2	138.8
印刷和记录媒介复制业	9.7	2.8	2.4	2.1	0.8	796.3

行业名称	颗粒物					挥发性有机物（VOCs）
	2016 年	2017 年	2018 年	2019 年	2020 年	2020 年
文教、工美、体育和娱乐用品制造业	0.4	206.7	1.9	4.2	0.9	121.0
石油、煤炭及其他燃料加工业	16 656.3	14 713.4	11 829.6	7 677.2	2 377.6	5 085.2
化学原料和化学制品制造业	33 148.3	15 344.2	11 835.9	12 623.0	2 143.4	5 132.9
医药制造业	2 238.0	116.2	171.2	161.8	12.4	807.5
化学纤维制造业	430.8	71.3	20.5	36.1	4.9	66.1
橡胶和塑料制品业	3 955.2	2 083.9	1 602.2	4 406.0	128.9	1 749.3
非金属矿物制品业	90 691.5	72 831.2	64 847.6	56 821.5	22 038.0	951.5
黑色金属冶炼和压延加工业	25 623.0	23 467.9	22 893.8	7 567.2	7 223.7	535.5
有色金属冶炼和压延加工业	18 693.2	9 952.0	8 438.0	4 367.4	2 139.4	1 819.6
金属制品业	8 402.3	7 961.3	5 122.5	7 013.9	424.8	635.4
通用设备制造业	10 931.7	2 331.0	2 644.9	2 733.9	136.8	263.0
专用设备制造业	8 291.6	4 424.8	3 298.9	2 503.9	231.8	197.9
汽车制造业	5 093.9	1 909.2	1 963.1	1 836.3	150.4	911.1
铁路、船舶、航空航天和其他运输设备制造业	215.7	603.2	331.5	547.9	5.5	112.1
电气机械和器材制造业	331.0	116.1	162.0	316.6	13.7	202.4
计算机、通信和其他电子设备制造业	105.4	24.1	1.4	2.0	4.3	136.5
仪器仪表制造业	0	4.8	0	0	0	4.2
其他制造业	528.8	65.9	5.9	20.4	2.3	54.2
废弃资源综合利用业	1 335.0	1 105.5	999.2	1 006.9	107.9	47.3
金属制品、机械和设备修理业	0	15.8	0.1	0.2	3.7	6.3
电力、热力生产和供应业	8 300.3	8 128.3	8 132.7	6 619.2	3 207.6	1 165.7
燃气生产和供应业	273.9	147.2	0	0	0	187.1
水的生产和供应业	0	10.8	0	0	0	0.1

表 7-3-1　各工业行业一般工业固体废物产生及利用量

单位：万吨

行业名称	产生量					综合利用量				
	2016 年	2017 年	2018 年	2019 年	2020 年	2016 年	2017 年	2018 年	2019 年	2020 年
行业汇总	17 372.0	17 581.6	20 361.6	24 965.0	15 355.3	10 547.7	10 205.8	11 755.3	11 975.6	11 468.2
农、林、牧、渔专业及辅助性活动	14.4	1.2	1.2	20.5	0.1	6.3	0.5	0.5	9.0	0.1
煤炭开采和洗选业	2 440.8	2 588.8	3 148.7	3 153.2	1 686.8	1 658.9	1 933.9	1 920.3	2 116.0	1 524.3
石油和天然气开采业	8.9	3.3	4.5	4.8	5.7	7.7	3.3	4.5	4.8	4.6
黑色金属矿采选业	317.5	321.3	372.1	414.5	418.0	297.5	104.5	300.4	341.5	370.0
有色金属矿采选业	3 983.9	4 031.4	4 878.3	10 023.5	3 776.2	260.8	93.3	617.6	523.1	2 654.6
非金属矿采选业	185.6	203.7	256.0	291.7	43.5	107.2	111.7	144.3	158.0	36.3
开采专业及辅助性活动	0.8	29.1	14.8	30.0	1.3	0.4	16.5	7.8	15.6	0.1
其他采矿业	0	0	0	0	18.0	0	0	0	0	21.0
农副食品加工业	226.1	228.8	296.2	387.1	39.7	224.9	224.5	291.7	380.8	30.0
食品制造业	20.2	24.6	19.9	14.0	28.4	18.5	18.1	17.1	18.3	20.7
酒、饮料和精制茶制造业	24.5	39.9	29.0	31.8	22.3	22.6	35.1	25.9	26.2	17.8
烟草制品业	0.6	1.2	0.7	0.7	1.0	0.6	1.2	0.7	0.7	0.6
纺织业	19.5	15.7	22.7	17.9	5.0	18.6	14.6	21.8	17.2	4.8
纺织服装、服饰业	8.5	0.9	18.6	14.2	0.3	6.9	0.7	14.2	10.9	0
皮革、毛皮、羽毛及其制品和制鞋业	6.5	6.7	4.6	6.0	6.6	5.5	6.2	4.2	4.3	5.0
木材加工和木、竹、藤、棕、草制品业	190.7	93.4	112.7	93.3	4.9	190.0	93.2	112.2	93.0	4.5
家具制造业	2.0	2.0	1.3	3.9	0.2	2.0	2.0	1.3	3.8	0.1
造纸和纸制品业	79.8	83.4	76.0	80.9	62.0	76.7	78.6	70.2	75.2	38.4
印刷和记录媒介复制业	12.0	5.0	17.3	22.6	1.3	11.5	4.9	16.9	22.4	0.7

行业名称	产生量					综合利用量				
	2016 年	2017 年	2018 年	2019 年	2020 年	2016 年	2017 年	2018 年	2019 年	2020 年
文教、工美、体育和娱乐用品制造业	3.3	0.8	0.6	0.4	0	3.2	0.8	0.5	0.4	0
石油、煤炭及其他燃料加工业	341.1	137.0	145.2	178.3	179.8	328.6	130.0	125.4	157.4	179.2
化学原料和化学制品制造业	894.3	1 141.6	1 303.6	1 093.3	929.4	664.9	818.8	980.2	971.9	705.9
医药制造业	19.5	23.3	20.3	13.0	8.6	18.6	21.7	17.8	10.1	5.3
化学纤维制造业	150.2	41.9	46.5	45.1	14.0	150.2	41.9	41.0	46.4	13.6
橡胶和塑料制品业	12.5	11.3	10.9	9.5	6.7	12.4	11.2	10.6	9.3	6.2
非金属矿物制品业	437.4	442.6	408.9	375.5	173.2	421.9	417.4	386.2	342.7	161.5
黑色金属冶炼和压延加工业	1 600.4	1 371.8	1 579.5	1 530.9	1 602.3	1 572.9	1 353.4	1 530.1	1 520.2	1 176.1
有色金属冶炼和压延加工业	2 104.2	2 312.2	2 488.6	2 294.4	1 742.2	509.9	476.5	464.1	650.0	388.2
金属制品业	17.2	43.3	45.0	82.8	14.1	16.5	42.7	43.3	43.1	10.4
通用设备制造业	129.2	150.4	193.1	215.0	5.2	126.3	146.7	188.6	210.0	5.0
专用设备制造业	18.4	22.9	35.5	42.6	24.4	17.3	22.5	34.2	41.9	16.1
汽车制造业	16.4	29.4	34.1	4.5	78.1	16.1	28.1	7.5	31.9	13.2
铁路、船舶、航空航天和其他运输设备制造业	5.4	5.1	3.8	8.4	3.4	5.2	5.0	3.7	3.7	3.3
电气机械和器材制造业	2.6	6.7	2.3	6.9	6.9	1.4	5.2	1.4	2.6	6.7
计算机、通信和其他电子设备制造业	1.6	7.1	6.9	5.2	7.0	1.0	6.5	6.1	2.9	5.6
仪器仪表制造业	0.1	0.1	0.1	0.1	0	0.1	0.1	0.1	0.1	0
其他制造业	0.3	0.1	0.5	0.7	0.1	0.3	0.1	0.5	0.3	0.1
废弃资源综合利用业	18.9	27.2	57.1	72.8	15.6	16.5	25.1	50.7	49.9	12.0
金属制品、机械和设备修理业	0.1	1.0	1.0	1.0	0	0.1	0.9	1.0	0.9	0
电力、热力生产和供应业	4 053.6	4 120.7	4 700.7	4 373.4	4 422.6	3 745.7	3 904.5	4 289.2	4 058.5	4 026.2
燃气生产和供应业	1.2	0.8	0.8	0.4	0	1.2	0.8	0.8	0.2	0
水的生产和供应业	1.7	3.9	1.8	0.2	0.3	0.7	2.9	0.7	0.4	0

表 7-3-2　各工业行业一般工业固体废物处置量

单位：万吨

行业名称	2016 年	2017 年	2018 年	2019 年	2020 年
行业汇总	4 608.2	4 961.1	5 720.5	5 456.6	2 098.7
农、林、牧、渔专业及辅助性活动	8.1	0.7	0.7	11.5	0
煤炭开采和洗选业	360.8	269.3	695.0	461.9	117.5
石油和天然气开采业	1.4	0	0	0	1.0
黑色金属矿采选业	1.8	147.6	147.2	140.7	0.5
有色金属矿采选业	3 229.4	3 440.4	3 478.4	3 750.7	282.9
非金属矿采选业	42.2	54.0	57.8	68.0	0.2
开采专业及辅助性活动	0.3	9.6	5.4	11.5	1.2
其他采矿业	0	0	0	0	0
农副食品加工业	0.6	3.2	3.5	5.2	9.8
食品制造业	0.9	6.6	2.0	1.6	7.7
酒、饮料和精制茶制造业	1.6	4.6	2.8	5.2	4.5
烟草制品业	0	0	0	0	0.5
纺织业	1.0	1.2	1.0	0.8	0.2
纺织服装、服饰业	1.4	0.2	3.9	3.0	0.3
皮革、毛皮、羽毛及其制品和制鞋业	0.9	0.4	0.4	1.6	1.7
木材加工和木、竹、藤、棕、草制品业	0.7	0.2	0.6	0.4	0.5
家具制造业	0	0	0	0.1	0.1
造纸和纸制品业	2.9	4.6	6.4	4.2	23.6
印刷和记录媒介复制业	0.4	0	0.4	0	0.8

行业名称	2016 年	2017 年	2018 年	2019 年	2020 年
文教、工美、体育和娱乐用品制造业	0	0	0	0	0
石油、煤炭及其他燃料加工业	9.4	5.4	17.4	19.2	0.6
化学原料和化学制品制造业	134.4	207.0	216.8	235.9	163.0
医药制造业	0.8	1.7	2.3	2.8	3.3
化学纤维制造业	0	0	5.5	0.1	0.5
橡胶和塑料制品业	0	0	0.2	0.2	0.4
非金属矿物制品业	15.4	25.3	21.5	29.4	27.5
黑色金属冶炼和压延加工业	25.6	16.7	47.5	57.4	433.2
有色金属冶炼和压延加工业	462.7	611.4	560.2	301.3	538.8
金属制品业	0.7	0.6	1.7	1.8	5.8
通用设备制造业	2.8	3.6	4.3	4.8	0.2
专用设备制造业	1.1	0.4	1.3	0.6	8.3
汽车制造业	0.4	1.3	26.5	2.1	64.9
铁路、船舶、航空航天和其他运输设备制造业	0.2	0.1	0.1	0.1	0.1
电气机械和器材制造业	1.2	1.5	0.9	4.3	0.3
计算机、通信和其他电子设备制造业	0.6	0.6	0.8	2.4	1.4
仪器仪表制造业	0	0	0	0	0
其他制造业	0	0	0	0.2	0
废弃资源综合利用业	2.3	2.2	6.2	7.0	3.5
金属制品、机械和设备修理业	0	0.1	0.1	0.1	0
电力、热力生产和供应业	295.2	139.5	400.7	318.9	393.5
燃气生产和供应业	0	0	0	0.1	0
水的生产和供应业	1.0	1.0	1.1	1.4	0.3

表 7-4 各工业行业危险废物产生及利用处置情况

单位：吨

行业名称	产生量					利用处置量				
	2016 年	2017 年	2018 年	2019 年	2020 年	2016 年	2017 年	2018 年	2019 年	2020 年
行业汇总	759 899.4	1 846 084.1	1 981 683.5	2 300 720.8	2 123 053.4	730 843.7	1 899 922.1	1 729 619.3	2 128 788.0	2 533 394.4
农、林、牧、渔专业及辅助性活动	0	4.3	0	0	0.1	0	1.1	0	0	0.1
煤炭开采和洗选业	435.6	200.2	215.5	252.2	388.7	374.9	200 171.1	190.0	228.9	339.9
石油和天然气开采业	5 424.0	6 363.1	4 171.9	3 638.6	9 605.5	5 424.0	6 602.0	3 343.3	2 441.9	11 239.4
黑色金属矿采选业	0	4.7	0	0	15.8	0	0	0	0	16.8
有色金属矿采选业	0	579.0	579.0	677.6	82.6	0	566.3	550.8	642.7	3 168.0
非金属矿采选业	3.2	11.0	6.8	9.4	3.8	2.6	11.0	6.5	9.0	2.9
开采专业及辅助性活动	0	2.4	0	0	0	0	2.4	0	0	0
其他采矿业	0	0	0	0	1.5	0	0	0	0	1.5
农副食品加工业	810.1	335.4	361.1	353.9	143.5	743.4	313.8	328.7	325.7	93.8
食品制造业	6.1	144.5	261.6	280.0	256.5	5.3	138.5	203.1	244.2	307.5
酒、饮料和精制茶制造业	86.6	38.8	60.1	117.8	33.7	81.3	32.8	55.5	115.7	29.2
烟草制品业	3.1	17.7	67.3	94.5	9.3	0.9	5.4	20.2	28.6	7.1
纺织业	80.3	966.0	1 040.1	1 040.1	181.7	74.1	893.8	934.8	958.8	259.2
纺织服装、服饰业	0	13.3	12.0	8.0	23.8	0	11.8	8.2	7.0	20.0
皮革、毛皮、羽毛及其制品和制鞋业	839.0	842.8	566.8	548.8	466.1	771.2	800.9	486.2	483.1	476.3
木材加工和木、竹、藤、棕、草制品业	7.3	379.4	21.2	212.4	119.1	4.3	305.1	15.6	77.4	178.7
家具制造业	252.8	562.1	691.1	1 639.7	242.6	169.1	374.7	450.1	1 090.2	246.1
造纸和纸制品业	83.0	267.8	444.6	443.3	207.9	77.1	242.8	386.5	404.2	187.2
印刷和记录媒介复制业	471.5	1 043.4	594.0	936.5	740.7	429.6	977.6	526.9	825.4	765.9

行业名称	产生量					利用处置量				
	2016 年	2017 年	2018 年	2019 年	2020 年	2016 年	2017 年	2018 年	2019 年	2020 年
文教、工美、体育和娱乐用品制造业	68.8	85.8	75.2	97.9	22.0	38.8	47.9	38.3	51.2	22.0
石油、煤炭及其他燃料加工业	36 576.8	363 687.8	452 621.5	476 682.1	148 007.2	34 616.3	357 698.4	444 745.9	464 955.7	152 516.5
化学原料和化学制品制造业	60 168.1	75 076.8	75 076.8	75 076.8	59 204.2	59 036.9	74 643.8	49 543.1	68 379.9	59 454.4
医药制造业	39 089.7	46 115.7	50 670.0	54 030.4	17 539.7	35 110.4	44 031.3	44 082.9	51 166.8	18 046.3
化学纤维制造业	217.4	1 572.3	1 178.5	1 539.9	1 696.4	200.3	1 578.4	1 165.7	1 524.5	1 646.3
橡胶和塑料制品业	3.8	1 005.2	1 005.2	1 008.7	685.8	0.7	974.3	906.4	969.7	692.1
非金属矿物制品业	9 999.9	59 179.2	51 797.7	60 580.7	51 475.7	7 848.9	57 707.2	18 082.6	25 498.4	231 794.9
黑色金属冶炼和压延加工业	1 089.3	120 638.0	111 948.9	129 204.5	18 565.9	1 017.6	120 359.7	110 661.5	121 387.7	19 739.2
有色金属冶炼和压延加工业	453 818.9	932 964.5	991 987.1	1 223 138.7	1 323 837.5	439 115.2	801 080.9	822 456.5	1 126 633.1	1 527 068.3
金属制品业	11 935.1	5 443.8	5 144.0	6 020.2	3 565.9	11 886.1	5 578.0	5 125.5	5 908.8	2 902.2
通用设备制造业	3 707.8	5 344.5	4 430.1	3 359.8	949.3	3 589.9	5 306.2	4 171.4	3 088.6	961.9
专用设备制造业	3 316.8	3 515.3	3 784.7	4 859.9	2 414.0	3 149.6	3 445.3	3 672.6	4 774.9	2 384.3
汽车制造业	7 281.9	11 369.8	11 727.1	15 520.8	13 593.4	6 665.8	11 176.3	11 077.4	15 114.2	13 651.5
铁路、船舶、航空航天和其他运输设备制造业	3 814.9	997.8	665.0	1 094.8	1 056.8	3 794.0	1 082.6	531.2	1 015.4	1 099.6
电气机械和器材制造业	43 126.3	47 056.0	50 662.1	57 628.8	65 955.7	42 022.3	46 225.0	48 959.8	54 868.4	66 616.8
计算机、通信和其他电子设备制造业	15 342.9	12 552.9	15 233.6	12 151.1	21 085.2	15 330.6	12 542.3	14 759.9	11 989.5	21 006.5
仪器仪表制造业	476.4	240.9	931.2	1 267.9	48.0	476.4	241.0	931.2	1 263.5	44.8
其他制造业	30.2	14.6	54.0	116.2	34.9	30.0	14.6	44.7	98.4	34.5
废弃资源综合利用业	34 824.8	29 662.5	31 935.7	31 935.7	226 748.5	32 592.6	28 423.0	31 338.5	31 427.9	242 523.8
金属制品、机械和设备修理业	5.3	361.6	515.9	799.9	7.7	5.2	355.1	505.9	786.8	10.4
电力、热力生产和供应业	25 434.9	114 581.8	107 325.3	129 880.9	154 024.6	25 091.5	113 130	105 575.9	125 529.9	153 826.5
燃气生产和供应业	1 066.8	2 840.5	3 820.9	4 471.8	12.5	1 066.8	2 828.7	3 736.1	4 471.3	12.5
水的生产和供应业	0.1	0.9	0.1	0.7	0	0.1	0.9	0.1	0.7	0

表 7-5-1　各工业行业废水治理设施情况

行业名称	数量/台（套）					治理能力/（万吨/日）				
	2016 年	2017 年	2018 年	2019 年	2020 年	2016 年	2017 年	2018 年	2019 年	2020 年
行业汇总	2 935	2 718	2 910	3 020	3 137	986.5	1 016.0	1 019.6	1 088.0	967.8
农、林、牧、渔专业及辅助性活动	5	1	2	3	2	0	0	0.1	0	0
煤炭开采和洗选业	210	164	172	201	187	132.0	111.6	118.9	140.8	153.2
石油和天然气开采业	9	0	1	1	4	12.1	0	0.3	0.3	6.2
黑色金属矿采选业	40	3	4	5	5	12.8	2.2	3.0	4.6	5.6
有色金属矿采选业	96	124	132	99	75	30.7	47.9	43.5	50.7	21.5
非金属矿采选业	18	13	12	10	10	1.6	1.0	0.7	0.5	0.5
开采专业及辅助性活动	0	1	1	2	0	0	0.6	0.6	0.2	0
其他采矿业	0	1	1	0	0	0	0.2	0.2	0	0
农副食品加工业	324	306	434	400	386	37.8	25.3	32.6	28.8	26.4
食品制造业	136	145	135	145	161	16.4	12.0	11.1	11.8	14.8
酒、饮料和精制茶制造业	136	123	124	148	145	23.4	21.0	25.2	21.4	22.8
烟草制品业	5	4	7	5	6	0.9	0.8	0.9	0.8	0.8
纺织业	70	108	113	109	86	8.9	13.8	16.2	17.1	11.5
纺织服装、服饰业	13	17	19	11	13	1.5	2.2	1.9	3.0	1.8
皮革、毛皮、羽毛及其制品和制鞋业	86	83	89	86	85	18.4	18.6	21.1	20.9	22.4
木材加工和木、竹、藤、棕、草制品业	25	21	17	12	17	0.6	0.9	0.9	0.9	1.0
家具制造业	15	10	6	34	34	0	0	0	0	0
造纸和纸制品业	123	142	127	117	98	126.0	103.7	93.8	89.7	90.4
印刷和记录媒介复制业	14	17	11	15	21	0.1	0.1	0.1	0.1	0.2

行业名称	数量/台（套）					治理能力/（万吨/日）				
	2016 年	2017 年	2018 年	2019 年	2020 年	2016 年	2017 年	2018 年	2019 年	2020 年
文教、工美、体育和娱乐用品制造业	41	42	41	32	33	4.8	2.7	1.0	1.4	1.3
石油、煤炭及其他燃料加工业	40	40	42	44	48	10.8	9.4	10.4	10.5	11.8
化学原料和化学制品制造业	349	308	325	324	366	56.3	38.7	42.8	39.3	38.2
医药制造业	131	172	172	175	179	21.1	20.3	16.0	14.6	15.1
化学纤维制造业	18	14	12	11	13	9.5	12.7	12.4	8.5	11.8
橡胶和塑料制品业	29	16	11	22	29	1.8	1.5	1.5	1.7	1.8
非金属矿物制品业	296	157	137	175	252	12.3	7.5	13.6	8.8	15.6
黑色金属冶炼和压延加工业	60	101	114	111	108	323.1	383.2	398.5	407.9	367.7
有色金属冶炼和压延加工业	122	71	88	92	92	40.2	29.5	41.3	42.1	41.6
金属制品业	58	78	90	109	130	16.8	1.6	1.6	2.2	2.4
通用设备制造业	37	32	38	32	28	8.6	1.8	1.9	1.8	1.4
专用设备制造业	49	39	40	44	40	1.2	1.6	1.3	8.0	1.1
汽车制造业	74	80	81	88	95	3.2	10.1	10.8	10.9	11.3
铁路、船舶、航空航天和其他运输设备制造业	28	28	22	17	19	1.1	0.7	0.5	0.5	0.5
电气机械和器材制造业	53	45	52	65	70	2.8	1.8	2.3	4.1	3.9
计算机、通信和其他电子设备制造业	32	25	32	34	36	4.0	3.6	5.1	5.4	5.4
仪器仪表制造业	5	2	2	2	3	0.2	0	0	0	0.1
其他制造业	24	21	18	15	9	1.1	0.5	0.5	0.6	0.4
废弃资源综合利用业	5	6	4	23	27	0	2.0	1.2	4.2	0.4
金属制品、机械和设备修理业	1	3	2	1	0	0	0	0	0	0
电力、热力生产和供应业	155	152	177	191	215	43.4	124.8	85.4	116.7	55.8
燃气生产和供应业	3	3	3	2	1	0.9	0.5	0.4	0.2	0
水的生产和供应业	0	0	0	8	9	0	0	0	7.0	0.9

表 7-5-2 各工业行业废水治理设施运行费用

单位：万元

行业名称	2016 年	2017 年	2018 年	2019 年	2020 年
行业汇总	235 963.1	265 426.9	263 913.1	302 184.9	347 441.7
农、林、牧、渔专业及辅助性活动	10.2	7.0	4.7	37.0	27.0
煤炭开采和洗选业	11 233.8	8 387.6	8 873.2	11 014.1	14 429.9
石油和天然气开采业	3 720.2	0	421.7	541.6	9 195.9
黑色金属矿采选业	787.1	195.4	194.9	405.0	390.5
有色金属矿采选业	10 316.1	14 140.2	7 936.5	13 842.0	12 521.8
非金属矿采选业	207.1	63.3	109.4	66.6	67.5
开采专业及辅助性活动	0	240.5	210.4	201.6	0
其他采矿业	0	30.0	40.0	0	0
农副食品加工业	9 153.5	10 752.4	12 242.4	11 242.6	13 491.0
食品制造业	4 770.0	4 737.4	4 528.1	5 468.7	6 894.0
酒、饮料和精制茶制造业	4 919.0	6 679.5	6 526.0	6 103.1	6 476.6
烟草制品业	489.6	667.0	872.0	715.0	1 446.0
纺织业	2 170.1	3 453.1	4 088.7	4 420.2	4 187.1
纺织服装、服饰业	230.7	1 165.9	601.3	521.8	640.1
皮革、毛皮、羽毛及其制品和制鞋业	6 081.0	9 662.0	9 202.0	10 226.0	11 037.1
木材加工和木、竹、藤、棕、草制品业	118.1	195.4	177.4	273.5	339.3
家具制造业	21.4	53.3	13.8	62.3	79.0
造纸和纸制品业	22 454.2	26 044.2	30 888.5	35 626.6	29 818.8
印刷和记录媒介复制业	15.9	59.0	81.5	79.4	263.4
文教、工美、体育和娱乐用品制造业	1 034.9	769.6	665.4	600.1	778.5

行业名称	2016 年	2017 年	2018 年	2019 年	2020 年
石油、煤炭及其他燃料加工业	12 905.9	15 311.8	13 953.5	15 625.2	22 802.5
化学原料和化学制品制造业	43 251.4	36 235.4	40 277.2	48 040.4	59 080.1
医药制造业	13 720.7	15 718.8	15 203.5	16 407.5	21 771.9
化学纤维制造业	5 365.4	3 697.1	5 551.2	4 446.5	4 940.1
橡胶和塑料制品业	373.8	171.2	188.4	297.8	508.0
非金属矿物制品业	3 349.8	2 102.9	2 060.0	2 364.4	4 299.3
黑色金属冶炼和压延加工业	37 073.0	51 682.2	44 964.2	57 613.1	55 020.9
有色金属冶炼和压延加工业	11 458.1	14 123.1	14 430.7	18 288.6	21 317.5
金属制品业	2 335.2	1 041.7	943.3	909.0	1 785.7
通用设备制造业	713.0	574.4	767.6	476.2	272.2
专用设备制造业	727.8	1 317.2	816.9	1 109.6	965.9
汽车制造业	1 528.5	1 766.8	3 616.4	3 103.3	3 877.4
铁路、船舶、航空航天和其他运输设备制造业	836.4	343.9	332.6	294.9	482.4
电气机械和器材制造业	1 527.4	1 929.5	2 163.9	3 316.0	3 807.8
计算机、通信和其他电子设备制造业	8 839.1	12 903.8	6 961.3	7 630.6	7 623.9
仪器仪表制造业	34.0	3.0	3.0	3.0	170.0
其他制造业	113.8	85.1	56.8	105.4	159.9
废弃资源综合利用业	25.2	30.9	55.1	54.3	444.2
金属制品、机械和设备修理业	2.2	5.9	1.6	1.1	0
电力、热力生产和供应业	12 916.5	17 932.8	22 593.7	19 294.7	25 788.9
燃气生产和供应业	1 133.0	1 146.5	1 294.3	1 008.5	0.9
水的生产和供应业	0	0	0	348.0	238.8

表 7-5-3 各工业行业废水治理设施情况

行业名称	数量/台（套）					运行费用/万元				
	2016 年	2017 年	2018 年	2019 年	2020 年	2016 年	2017 年	2018 年	2019 年	2020 年
行业汇总	12 984	16 371	18 078	22 076	15 848	970 873.4	978 345.3	998 349.8	1 055 951.2	1 196 291.9
农、林、牧、渔专业及辅助性活动	4	3	2	5	5	118.5	14.3	4.3	12.8	29.0
煤炭开采和洗选业	214	71	31	50	88	4 534.8	2 303.7	1 100.8	915.8	2 025.7
石油和天然气开采业	6	1	1	2	3	720.0	300.0	100.0	426.0	94.0
黑色金属矿采选业	3	18	23	25	26	26.0	135.8	1 230.1	1 251.0	683.3
有色金属矿采选业	69	136	161	141	116	576.9	2 702.4	2 085.8	1 965.6	2 446.3
非金属矿采选业	56	110	101	215	105	2 267.3	2 345.9	2 187.4	2 779.1	2 616.6
开采专业及辅助性活动	2	0	0	0	0	8.0	0	0	0	0
其他采矿业	12	2	2	2	0	50.0	8.0	15.0	21.0	0
农副食品加工业	413	319	539	915	469	8 156.1	5 695.7	6 751.0	8 330.9	9 187.5
食品制造业	129	81	90	112	153	3 377.9	2 638.5	3 725.5	4 002.9	5 650.5
酒、饮料和精制茶制造业	106	52	47	87	103	4 365.9	8 025.2	6 064.2	3 575.0	4 175.5
烟草制品业	22	5	13	8	9	1 165.6	313.0	300.0	1 028.0	867.1
纺织业	78	95	95	117	121	909.8	1 504.1	2 147.2	2 359.9	2 441.1
纺织服装、服饰业	7	8	6	5	8	126.0	357.4	344.0	277.0	141.4
皮革、毛皮、羽毛及其制品和制鞋业	80	91	108	126	139	1 003.9	1 550.8	1 377.7	1 977.0	1 522.4
木材加工和木、竹、藤、棕、草制品业	154	213	275	434	334	2 336.4	5 679.8	7 702.3	9 919.3	5 390.9
家具制造业	58	238	267	525	458	395.5	990.8	952.3	2 217.5	2 351.6
造纸和纸制品业	228	148	141	152	186	10 198.0	10 334.0	13 590.7	17 258.9	11 241.1
印刷和记录媒介复制业	68	181	213	295	282	511.9	2 077.3	2 235.3	4 390.6	6 271.8
文教、工美、体育和娱乐用品制造业	17	40	43	77	97	81.9	168.0	199.8	279.0	526.3

行业名称	数量/台（套）					运行费用/万元				
	2016 年	2017 年	2018 年	2019 年	2020 年	2016 年	2017 年	2018 年	2019 年	2020 年
石油、煤炭及其他燃料加工业	109	143	171	197	173	72 540.6	70 228.1	36 584.6	34 563.9	62 444.0
化学原料和化学制品制造业	1 042	1 184	1 227	1 480	1 577	41 498.7	52 202.5	59 913.1	59 660.2	71 774.0
医药制造业	178	166	169	213	252	2 792.5	3 309.4	3 975.4	5 112.0	6 585.5
化学纤维制造业	24	26	17	31	43	2 979.0	2 384.3	2 580.8	2 420.2	3 029.1
橡胶和塑料制品业	170	458	598	911	766	1 688.4	2 648.7	3 537.1	7 411.0	13 697.4
非金属矿物制品业	6 756	8 500	8 810	9 672	5 647	111 525.6	158 701.2	172 571.0	188 577.9	208 057.0
黑色金属冶炼和压延加工业	546	737	793	813	561	181 808.0	106 264.4	149 538.7	197 050.4	218 515.7
有色金属冶炼和压延加工业	598	629	716	683	667	74 654.6	82 841.6	78 546.1	82 118.6	93 552.0
金属制品业	190	358	596	1 043	828	3 883.1	5 611.5	4 415.0	9 447.3	10 520.5
通用设备制造业	141	292	387	459	333	2 971.8	2 546.8	3 648.5	4 098.9	3 207.7
专用设备制造业	190	330	507	718	395	3 042.2	4 164.8	5 153.3	7 243.4	7 799.0
汽车制造业	195	332	435	554	544	3 588.4	5 865.9	9 702.3	11 541.1	12 772.7
铁路、船舶、航空航天和其他运输设备制造业	68	81	89	81	98	1 251.8	1 376.2	2 425.2	2 677.1	4 265.0
电气机械和器材制造业	203	290	347	463	348	2 598.2	4 094.4	5 667.4	7 507.3	8 800.7
计算机、通信和其他电子设备制造业	141	367	435	496	137	819.3	1 809.7	2 539.4	4 434.1	5 626.4
仪器仪表制造业	2	4	3	21	9	33.0	20.8	15.0	23.6	304.2
其他制造业	97	84	59	106	45	1 471.5	856.9	760.0	1 704.2	556.1
废弃资源综合利用业	34	49	57	303	183	417.6	1 626.9	1 567.5	3 776.7	2 748.3
金属制品、机械和设备修理业	0	14	17	15	11	0	139.0	180.0	156.0	69.0
电力、热力生产和供应业	568	505	481	518	528	418 821.7	417 390.8	399 986.1	361 953.5	404 299.4
燃气生产和供应业	6	10	6	6	1	1 557.0	7 117.0	2 930.2	1 486.5	6.2
水的生产和供应业	0	0	0	0	0	0	0	0	0	0

表 7-5-4　各工业行业废水治理设施情况数量（脱硫、脱硝）

单位：台（套）

行业名称	脱硫设施					脱硝设施				
	2016 年	2017 年	2018 年	2019 年	2020 年	2016 年	2017 年	2018 年	2019 年	2020 年
行业汇总	2 068	2 323	2 219	2 258	1 776	699	1 077	1 324	1 847	1 657
农、林、牧、渔专业及辅助性活动	0	0	0	0	1	0	0	0	0	0
煤炭开采和洗选业	108	50	2	3	1	30	14	4	11	23
石油和天然气开采业	5	1	1	1	1	1	1	1	1	1
黑色金属矿采选业	0	0	0	0	0	0	0	0	0	0
有色金属矿采选业	6	0	1	1	1	0	0	1	1	0
非金属矿采选业	12	4	6	7	3	3	3	4	5	2
开采专业及辅助性活动	0	0	0	0	0	0	0	0	0	0
其他采矿业	0	0	0	0	0	0	0	0	0	0
农副食品加工业	87	64	60	46	25	24	35	45	65	91
食品制造业	39	23	28	25	11	13	18	27	39	58
酒、饮料和精制茶制造业	43	31	25	19	11	13	21	22	32	49
烟草制品业	5	2	0	4	0	0	1	0	5	1
纺织业	20	21	16	11	4	5	11	12	16	26
纺织服装、服饰业	2	2	1	0	0	0	1	1	0	3
皮革、毛皮、羽毛及其制品和制鞋业	19	7	8	8	3	2	2	3	4	11
木材加工和木、竹、藤、棕、草制品业	8	16	21	27	10	0	10	14	27	19
家具制造业	0	17	0	0	0	0	1	0	1	1
造纸和纸制品业	108	81	61	55	29	59	56	54	54	50
印刷和记录媒介复制业	5	2	1	7	4	0	1	0	6	6

行业名称	脱硫设施					脱硝设施				
	2016 年	2017 年	2018 年	2019 年	2020 年	2016 年	2017 年	2018 年	2019 年	2020 年
文教、工美、体育和娱乐用品制造业	4	1	1	1	7	0	0	0	1	1
石油、煤炭及其他燃料加工业	35	44	47	48	38	5	27	32	39	37
化学原料和化学制品制造业	266	209	185	162	132	100	139	144	174	136
医药制造业	48	30	22	21	5	9	15	23	30	31
化学纤维制造业	4	9	10	12	1	3	9	10	12	0
橡胶和塑料制品业	18	20	20	17	9	5	7	6	15	17
非金属矿物制品业	766	1 121	1 137	1 184	1 061	180	358	506	823	773
黑色金属冶炼和压延加工业	45	73	50	53	43	2	32	42	30	32
有色金属冶炼和压延加工业	114	146	198	191	136	21	27	58	91	64
金属制品业	10	27	13	21	29	0	8	5	16	19
通用设备制造业	3	5	2	3	2	2	2	1	1	7
专用设备制造业	5	5	3	5	6	0	1	2	4	8
汽车制造业	2	4	1	3	3	0	1	10	8	12
铁路、船舶、航空航天和其他运输设备制造业	6	8	6	4	3	0	2	6	5	4
电气机械和器材制造业	5	5	2	2	3	1	3	4	9	5
计算机、通信和其他电子设备制造业	1	0	1	2	1	0	1	1	7	5
仪器仪表制造业	0	0	0	0	0	0	0	0	0	0
其他制造业	8	12	3	7	3	0	2	2	3	3
废弃资源综合利用业	16	12	12	23	10	0	1	2	1	2
金属制品、机械和设备修理业	0	0	0	0	0	0	0	0	0	0
电力、热力生产和供应业	242	264	269	279	180	218	264	276	305	160
燃气生产和供应业	3	7	6	6	0	3	3	6	6	0
水的生产和供应业	0	0	0	0	0	0	0	0	0	0

表 7-5-5 各工业行业废水治理设施数量（除尘、挥发性有机物）

单位：台（套）

行业名称	除尘设施					挥发性有机物（VOCs）治理设施
	2016 年	2017 年	2018 年	2019 年	2020 年	2020 年
行业汇总	5 064	6 045	6 379	7 519	7 946	3 402
农、林、牧、渔专业及辅助性活动	4	3	2	2	1	1
煤炭开采和洗选业	146	52	14	21	46	1
石油和天然气开采业	10	1	1	1	0	0
黑色金属矿采选业	3	3	23	23	26	0
有色金属矿采选业	53	103	123	107	109	0
非金属矿采选业	16	32	29	42	100	0
开采专业及辅助性活动	1	0	0	0	0	0
其他采矿业	7	0	0	0	0	0
农副食品加工业	283	170	210	250	264	11
食品制造业	91	40	38	44	30	13
酒、饮料和精制茶制造业	77	30	23	22	21	8
烟草制品业	16	5	1	2	0	0
纺织业	55	34	32	26	18	51
纺织服装、服饰业	6	3	3	2	2	2
皮革、毛皮、羽毛及其制品和制鞋业	51	14	13	17	20	71
木材加工和木、竹、藤、棕、草制品业	88	118	129	166	141	153
家具制造业	21	94	111	222	217	236
造纸和纸制品业	141	90	69	62	31	59
印刷和记录媒介复制业	11	4	1	8	3	256

行业名称	除尘设施					挥发性有机物（VOCs）治理设施
	2016 年	2017 年	2018 年	2019 年	2020 年	2020 年
文教、工美、体育和娱乐用品制造业	10	3	4	4	5	83
石油、煤炭及其他燃料加工业	41	53	74	90	61	30
化学原料和化学制品制造业	487	424	438	510	637	469
医药制造业	84	41	36	43	50	113
化学纤维制造业	4	10	9	11	5	28
橡胶和塑料制品业	64	86	95	139	111	594
非金属矿物制品业	2 261	2 986	3 098	3 461	3 588	72
黑色金属冶炼和压延加工业	159	390	379	347	464	8
有色金属冶炼和压延加工业	225	329	372	410	375	55
金属制品业	94	152	191	369	452	243
通用设备制造业	37	119	129	160	176	130
专用设备制造业	40	75	106	163	184	169
汽车制造业	83	88	127	166	287	222
铁路、船舶、航空航天和其他运输设备制造业	19	22	22	26	35	50
电气机械和器材制造业	39	53	73	101	182	115
计算机、通信和其他电子设备制造业	15	62	65	59	21	58
仪器仪表制造业	0	2	1	2	0	9
其他制造业	24	38	10	23	13	23
废弃资源综合利用业	21	29	36	117	108	58
金属制品、机械和设备修理业	0	3	4	3	4	7
电力、热力生产和供应业	274	281	282	292	159	3
燃气生产和供应业	3	3	6	6	0	1
水的生产和供应业	0	0	0	0	0	0

8

排放源统计主要指标解释

8.1　工业企业污染排放及处理利用情况

工业废水中污染物排放量　指调查年度企业排入环境中的工业废水中所含化学需氧量、氨氮、总氮、总磷、石油类、挥发酚、氰化物等污染物和砷、铅、汞、镉、六价铬等重金属本身的纯质量。它可采用产排污系数根据生产的产品产量或原辅料用量计算求得，也可以通过工业废水排放量和其中污染物的浓度相乘求得，计算公式：

污染物排放量（纯质量）=工业废水排放量×排放口污染物的平均浓度

①如企业排出的工业废水经城镇污水处理厂或工业废水处理厂集中处理，计算化学需氧量、氨氮、总氮、总磷、石油类、挥发酚、氰化物等污染物时，上述计算公式中“排放口污染物的平均浓度”即为污水处理厂排放口的年实际加权平均浓度。如果厂界排放浓度低于污水处理厂的排放浓度，以污水处理厂的排放浓度为准。

②计算砷、铅、汞、镉、六价铬等重金属污染物时，上述计算公式中“工业废水排放量”为车间排放口的年实际废水量，“排放口污染物的平均浓度”为车间排放口的年实际加权平均浓度。

废气污染物排放量　指调查年度调查对象在生产过程中排入大气的废气污染物的质量，包括有组织排放量和无组织排放量。

废水治理设施数量　指调查年度企业用于防治水污染和经处理后综合利用水资源的实有设施（包括构筑物）数，以一个废水治理系统为单位统计。附属于设施内的水治理设备和配套设备不单独计算。备用的、调查年度未运行的、已经报废的设施不统计在内。

废水治理设施处理能力　指调查年度企业内部的所有废水治理设施具有的废水处理能力。

废水治理设施运行费用　指调查年度企业维持废水治理设施运行所发生的费用。包括能源消耗、设备维修、人员工资、管理费、药剂费及与设施运行有关的其他费用等。

废气治理设施数量　指调查年度企业用于减少排向大气的污染物或对污染物加以回收利用的废气治理设施总数，以一个废气治理系统为单位统计。包括除尘、脱硫、脱硝等废气污染物统计指标范围内的设施。备用的、调查年度未运行的、已报废的设施不统计在内。

废气治理设施处理能力　指调查年度企业废气治理设施具有的废气的处理能力。

废气治理设施运行费用　指调查年度维持废气治理设施运行所发生的费用。包括能源消耗、设备折旧、设备维修、人员工资、管理费、药剂费及与设施运行有关的其他费用等。

一般工业固体废物产生量 指当年全年调查对象实际产生的一般工业固体废物的量。一般工业固体废物指企业在工业生产过程中产生且不属于危险废物的工业固体废物（表 8-1）。根据其性质分为两种：

①**第Ⅰ类一般工业固体废物** 按照 HJ 557 规定方法获得的浸出液中任何一种特征污染物浓度均未超过 GB 8978 最高允许排放浓度（第二类污染物最高允许排放浓度按照一级标准执行），且 pH 为 6～9 的一般工业固体废物；

②**第Ⅱ类一般工业固体废物** 按照 HJ 557 规定方法获得的浸出液中有一种或一种以上的特征污染物浓度超过 GB 8978 最高允许排放浓度（第二类污染物最高允许排放浓度按照一级标准执行），或 pH 在 6～9 之外的一般工业固体废物。

表 8-1 一般工业固体废物分类

代码	名称	代码	名称
SW01	冶炼废渣	SW07	污泥
SW02	粉煤灰	—	—
SW03	炉渣	SW09	赤泥
SW04	煤矸石	SW10	磷石膏
SW05	尾矿	SW99	其他废物
SW06	脱硫石膏	—	—

不包括矿山开采的剥离废石和掘进废石（煤矸石和呈酸性或碱性的废石除外）。酸性或碱性废石指采掘的废石其流经水、雨淋水的 pH 小于 4 或 pH 大于 10.5 者。

冶炼废渣 指在冶炼生产中产生的高炉渣、钢渣、铁合金渣等，不包括列入《国家危险废物名录》（2016 版）中的金属冶炼废物。

粉煤灰 指从燃煤过程产生烟气中收捕下来的细微固体颗粒物，不包括从燃煤设施炉膛排出的灰渣。主要来自电力、热力的生产和供应行业和其他使用燃煤设施的行业，又称飞灰或烟道灰。主要从烟道气体中收集而得，应与其烟尘去除量基本相等。

炉渣 指企业燃烧设备从炉膛排出的灰渣，不包括燃料燃烧过程中产生的烟尘。

煤矸石 指与煤层伴生的一种含碳量低、比煤坚硬的黑灰色岩石，包括巷道掘进过程中的掘进矸石、采掘过程中从顶板、底板及夹层里采出的矸石以及洗煤过程中挑出的洗矸石。主要来自煤炭开采和洗选行业。

尾矿 指矿山选矿过程中产生的有用成分含量低、在当前的技术经济条件下不宜进一步分选的固体废物，包括各种金属和非金属矿石的选矿。主要来自采矿业。

脱硫石膏 指废气脱硫的湿式石灰石/石膏法工艺中，吸收剂与烟气中二氧化硫等反应后生成的副产物。

污泥 指污水处理厂污水处理中排出的、以干泥量计的固体沉淀物。

赤泥 指含铝的矿物原料制取氧化铝或氢氧化铝后所产生的废渣。

磷石膏 指在磷酸生产中用硫酸分解磷矿时产生的二水硫酸钙、酸不溶物，未分解磷矿及其他杂质的混合物。主要来自磷肥制造业。

其他废物 指除上述 9 类一般工业固体废物以外的未列入《国家危险废物名录》的固体废物，如机械工业切削碎屑、研磨碎屑、废砂型等；食品工业的活性炭渣；硅酸盐工业和建材工业的砖、瓦、碎砾、混凝土碎块等。

一般工业固体废物综合利用量 指调查年度企业通过回收、加工、循环、交换等方式，从固体废物中提取或者使其转化为可以利用的资源、能源和其他原材料的固体废物量（包括当年利用的往年工业固体废物累计贮存量）。如用作农业肥料、生产建筑材料、铺路、用作充填回填材料等。综合利用量由原产生固体废物的单位统计。综合利用的主要方式见表 8-2。

表 8-2 工业固体废物综合利用的主要方式

序号	综合利用方式	序号	综合利用方式
1	铺路	10	再循环/再利用金属和金属化合物
2	建筑材料	11	再循环/再利用其他无机物
3	农肥或土壤改良剂	12	再生酸或碱
4	矿渣棉	13	回收污染减除剂的组分
5	铸石	14	回收催化剂组分
6	其他	15	废油再提炼或其他废油的再利用
7	作为燃料（直接燃烧除外）或以其他方式产生能量	16	其他有效成分回收
8	溶剂回收/再生（如蒸馏、萃取等）	17	用作充填回填材料
9	再循环/再利用不是用作溶剂的有机物		

一般工业固体废物处置量 指调查年度企业将工业固体废物焚烧和用其他改变工业固体废物的物理、化学、生物特性的方法，达到减少或者消除其危险成分的活动，或者将工业固体废物最终置于符合生态环境保护规定要求的填埋场的活动中，所消纳固体废物的量。

处置方式：填埋、焚烧、专业贮存场（库）封场处理、深层灌注及海洋处置（经生态环境管理部门同意投海处置）等（表 8-3）。

处置量包括本单位处置或委托给外单位处置的量。还包括当年处置的往年工业固体废物贮存量。

表 8-3　工业固体废物处置的主要方式

处置方式	
围隔堆存（属永久性处置）	
填埋	置放于地下或地上（如填埋、填坑、填浜）
	特别设计填埋
海洋处置	经生态环境主管部门同意的投海处置
	埋入海床
焚化	陆上焚化
	海上焚化
	水泥窑协同处置（指将满足或经过预处理后满足入窑要求的固体废物投入水泥窑，在进行水泥熟料生产的同时实现对固体废物的无害化处置过程）
固化	
其他处置（属于在上面五种指明的处置方式之外的处置方式）	
土地处理（属于生物降解，适合于液态固体废物或污泥固体废物）	
地表存放（将液态固体废物或污泥固体废物放入坑、氧化塘、池中）	
生物处理	
物理化学处理	
经生态环境主管部门同意的排入海洋之外的水体（或水域）	
其他处理方法	

危险废物产生量　指调查年度调查对象自身产生的危险废物的量，包括利用处置危险废物过程中二次产生的危险废物的量。

危险废物利用处置量　指调查年度调查对象从危险废物中提取物质作为原材料或者燃料的活动中消纳危险废物的量，以及将危险废物焚烧和用其他改变危险废物物理、化学、生物特性的方法，达到减少或者消除其危险成分的活动，或者将危险废物最终置于符合环境保护规定要求的填埋场的活动中，所消纳危险废物的量。包括本单位自行处置利用的本单位产生和送往持证单位的危险废物量，不包括接收外单位的危险废物的量。危险废物利用或处置方式见表 8-4。

表 8-4　危险废物的利用或处置方式

代码	说明
危险废物（不含医疗废物）利用方式	
R1	作为燃料（直接燃烧除外）或以其他方式产生能量
R2	溶剂回收/再生（如蒸馏、萃取等）
R3	再循环/再利用不是用作溶剂的有机物
R4	再循环/再利用金属和金属化合物

代码	说明
R5	再循环/再利用其他无机物
R6	再生酸或碱
R7	回收污染减除剂的组分
R8	回收催化剂组分
R9	废油再提炼或其他废油的再利用
R15	其他
危险废物（不含医疗废物）处置方式	
D1	填埋
D9	物理化学处理（如蒸发、干燥、中和、沉淀等），不包括填埋或焚烧前的预处理
D10	焚烧
D16	其他
其他	
C1	水泥窑协同处置
C2	生产建筑材料
C3	清洗（包装容器）
医疗废物处置方式	
Y10	医疗废物焚烧
Y11	医疗废物高温蒸汽处理
Y12	医疗废物化学消毒处理
Y13	医疗废物微波消毒处理
Y16	医疗废物其他处置方式

注：1. 为与《控制危险废物越境转移及其处置巴塞尔公约》相对应，危险废物利用和处置方式的代码未连续编号。2. 利用、处置不包括填坑、填海。3. 水泥窑协同处置，指在水泥生产工艺中使用工业废物作为替代燃料或原料，消纳处理工业危险废物的方式。4. 生产建筑材料，指将工业危险废物用于生产砖瓦、建筑骨料、路基材料等建筑材料。

8.2 农业污染排放及处理利用情况

园地面积 是指种植以采集果、叶、根、茎、汁为主的多年生木本或草本作物，覆盖率大于 50%，或每亩株数达到合理株数的 70%的土地。包括果园、茶园、桑园以及其他等。园地面积数据来自农业部门（向国家统计局共享的）统计数据，指标值同《中国统计年鉴》的“十二、农业”部分的“表 12-8 农作物播种面积”，园地面积等于其中茶园、果园面积指标之和。

农作物总播种面积 包括粮食、棉花、油料、糖料、麻类、烟叶、蔬菜和瓜果、药材和其他农作物播种面积。农作物总播种面积数据来自农业部门（向国家统计局共享的）统计数据，指标值同《中国统计年鉴》的“十二、农业”部分的“表 12-8 农作物播种面积”中的“农作物总播种面积”。

化肥施用量 指本年内实际用于种植业的化肥用量，包括氮肥、磷肥、钾肥和复合肥。化肥施用量要求按折纯量计算。折纯量是指把氮肥、磷肥、钾肥分别按含氮、含五氧化二磷、含氧化钾的百分比进行折算后的纯物质用量。复合肥按其所含主要成分折算。公式为：折纯量=实物量×某种化肥有效成分含量的百分比。化肥施用量相应指标来自农业部门（向国家统计局共享的）统计数据，指标值同《中国统计年鉴》的“十二、农业”部分的“表 12-5 耕地灌溉面积和农用化肥施用量”中的“化肥施用量”及所含的氮肥、磷肥、钾肥、复合肥相应指标值。

出栏量 饲养动物年总出栏数量，生猪、肉牛和肉鸡填写。

存栏量 饲养动物的年均存栏数量，奶牛和蛋鸡填写。

规模化养殖场 是指饲养数量达到一定规模的畜禽养殖单元，其中：生猪≥500 头（出栏）、奶牛≥100 头（存栏）、肉牛≥50 头（出栏）、蛋鸡≥2 000 羽（存栏）、肉鸡≥10 000 羽（出栏）。

养殖户 指饲养数量未达到规模化养殖场标准的畜禽养殖单元，其中：生猪＜500 头（出栏）、奶牛＜100 头（存栏）、肉牛＜50 头（出栏）、蛋鸡＜2 000 羽（存栏）、肉鸡＜10 000 羽（出栏）。

水产品养殖产量 指人工养殖的水产品产量，包括淡水产品产量和海水产品产量。水产品产量指标来自农业部门（向国家统计局共享的）统计数据，指标值同《中国统计年鉴》的“十二、农业”部分的“表 12-15 水产品产量”，水产品产量指标值等海水产品中的“人工养殖”与淡水产品中的“人工养殖”指标值之和。

8.3 生活污染排放及处理情况

城镇生活用水总量 指报告期内城镇范围内的居民家庭用水量、公共服务用水量和自备井取水量之和，但不包括城市浇洒道路和绿地的市政用水量、建筑行业用水量和供水过程的损耗量。以城市供水管理部门的统计数据为准。如果该县（市、区、旗）无法获得本指标，可结合本市人均综合生活用水量和县（市、区、旗）城镇常住人口进行估算。

对生活污水进行处理的行政村个数 指本辖区内按照国家和地方标准规范要求，对农村生活污水进行应治尽治，其中行政村内 60%以上的自然村、自然村内 60%以上的农户生活污水得到处理或资源化利用的行政村数。以生态环境部门农村环境整治成效评估数据为准。

生活及其他煤炭消费量 指报告期内调查区域除工业重点调查源以外所有用作生活

及其他的煤炭总量，包括居民生活、第一产业、第三产业和工业非重点调查源用煤等。生活及其他煤炭消费量计算公式：

生活及其他煤炭消费量=全社会煤炭消费总量-工业重点调查源煤炭消费总量

全社会煤炭消费总量以统计部门数据为准，工业重点调查源煤炭消费总量来自污染源统计工业调查。

生活及其他天然气消费量 指报告期内调查区域除工业重点调查源以外所有用作生活及其他天然气总量，包括居民生活、第一产业、第三产业和工业非重点调查源用天然气等。生活及其他天然气消费量计算公式：

生活及其他天然气消费量=全社会天然气消费总量-工业重点调查源天然气消费总量

全社会天然气消费总量以统计部门数据为准，工业重点调查源天然气消费总量来自排放源统计工业调查。

对于无法获取生活及其他煤炭/天然气消费量的地区，在上年基础上根据本地煤改气、煤改电、锅炉淘汰等情况核算当年能源消费量。

城镇生活污水和污染物产生、排放量 根据《排放源统计技术规定》（国统制〔2021〕18号）计算。

农村生活污水排放量和污染物产生、排放量 根据《排放源统计技术规定》（国统制〔2021〕18号）计算。

8.4 移动源

机动车 指以动力装置驱动或者牵引，上道路行驶的供人员乘用或者用于运送物品以及进行工程专项作业的轮式车辆。

机动车类型 指根据中华人民共和国公共安全行业标准《道路交通管理 机动车类型》（GA 802—2019），规定的机动车类型分类的规格术语（表8-5）。

表8-5 机动车类型分类

分类		说明
载客汽车	微型	车长小于或等于3 500 mm，内燃机气缸总排量小于或等于1 L的载客汽车
	小型	车长小于6 000 mm但大于3 500 mm且乘坐人数小于等于9人的载客汽车
	中型	车长小于6 000 mm且乘坐人数为10～19人的载客汽车
	大型	车长大于或等于6 000 mm或者乘坐人数大于或等于20人的载客汽车

分类		说明
载货汽车	微型	车长小于或等于 3 500 mm，总质量小于等于 1 800 kg 的载货汽车
	轻型	车长小于 6 000 mm 且总质量小于 4 500 kg 的载货汽车
	中型	车长大于等于 6 000 mm 或者总质量大于等于 4 500 kg 且小于 12 000 kg 的载货汽车，但不包括低速货车
	重型	总质量大于等于 12 000 kg 的载货汽车
低速汽车	三轮汽车	以柴油机为动力，最大设计车速小于或等于 50 km/h，总质量小于或等于 2 000 kg，长小于或等于 4 600 mm，宽小于或等于 1 600 mm，高小于或等于 2 000 mm，具有三个车轮的货车。其中，采用方向盘转向、由传递轴传递动力、有驾驶室且驾驶人座椅后有物品放置空间的，总质量小于或等于 3 000 kg，车长小于或等于 5 200 mm，宽小于或等于 1 800 mm，高小于或等于 2 200 mm
	低速货车	以柴油机为动力，最大设计车速小于 70 km/h，总质量小于或等于 4 500 kg，长小于或等于 6 000 mm，宽小于或等于 2 000 mm，高小于或等于 2 500 mm，具有四个车轮的货车
摩托车	普通	最大设计车速大于 50 km/h 或者内燃机气缸总排量大于 50 mL 的摩托车
	轻便	最大设计车速小于等于 50 km/h，且若使用发动机驱动，发动机气缸总排量小于等于 50 mL 的摩托车

根据中华人民共和国公共安全行业标准《道路交通管理　机动车类型》（GA 802—2019），规定的机动车类型分类的使用性质术语（表 8-6）。

表 8-6　机动车使用性质

分类	说明
出租车	以行驶里程和时间计费，将乘客运载至其指定地点的客车和乘用车
公交车	城市内专门从事公共交通客运的载客汽车
其他车	除公交车、出租车外的其余载客汽车

初次登记注册日期　初次办理机动车车辆注册登记时的日期。

8.5　污水处理厂

污水处理设施类型　指调查对象是城镇污水处理厂、工业废水集中处理厂、农村集中式污水处理设施或其他污水处理设施。

累计完成投资　指至当年年末，调查对象建设实际完成的累计投资额，不包括运行费用。

新增固定资产 指调查年度内交付使用的固定资产价值。对于新建污水处理厂，本年新增固定资产投资等于总投资；对于改建、扩建污水处理厂，本年新增固定资产投资仅指调查年度内交付使用的改、扩建部分的固定资产投资，属于累计完成投资的一部分。

运行费用 指调查年度内维持污水处理厂（或处理设施）正常运行所发生的费用。包括能源消耗、设备维修、人员工资、管理费、药剂费及与污水处理厂（或处理设施）运行有关的其他费用等，不包括设备折旧费。

污水处理能力 指截至当年年末调查对象设计建设的设施正常运行时每天能处理的污水量。

污水实际处理量 指调查对象调查年度内实际处理的污水总量。

污泥产生量 污泥指污水处理厂（或处理设施）在进行污水处理过程中分离出来的固体。指调查对象调查年度内在整个污水处理过程中最终产生污泥的质量。

污泥处置量 指调查年度内采用土地利用、填埋、建筑材料利用和焚烧等方法对污泥最终消纳处置的污泥质量。

土地利用量 指调查年度内将处理后符合相关要求的污泥产物作为肥料或土壤改良材料，用于园林、绿化或农业等场合的处置方式处置的污泥质量。

填埋处置量 指调查年度内采取工程措施将处理后的污泥集中堆、填、埋于场地内的安全处置方式处置的污泥质量。

建筑材料利用量 指调查年度内将处理后的污泥作为制作建筑材料的部分原料的处置方式处置的污泥质量。

焚烧处置量 指调查年度内利用焚烧设施使污泥完全矿化为少量灰烬的处置方式处置的污泥质量。

污泥倾倒丢弃量 指调查年度内未作处理而将污泥任意倾倒弃置到划定的污泥堆放场所以外的任何区域的量。

8.6 生活垃圾处理场（厂）

垃圾处理场（厂）类型 根据实际处理的垃圾类别选择填报。餐厨垃圾指从事餐饮服务、集体供餐等活动的单位（含个体工商户）生产经营过程中产生的食物残渣、残液和废弃食用油脂。

累计完成投资 指至当年年末调查对象建设实际完成的累计投资额，不包括运行费用。

新增固定资产 指调查年度内交付使用的固定资产价值。对于新建生活垃圾处理场

（厂），本年新增固定资产投资等于总投资；对于改建、扩建生活垃圾处理场（厂），本年新增固定资产投资仅指调查年度内交付使用的改、扩建部分的固定资产投资，属于累计完成投资的一部分。

运行费用　指调查年度内维持生活垃圾处理场（厂）正常运行所发生的费用。包括能源消耗、设备维修、人员工资、管理费及与生活垃圾处理场（厂）运行有关的其他费用等，不包括设备折旧费。

实际填埋量　指调查年度内以填埋方式处理的垃圾总质量。

实际焚烧处理量　指调查对象调查年度内焚烧处理垃圾的总量。

废水（含渗滤液）主要污染物产生量　指调查年度内未经过处理的废水（含渗滤液）中所含的化学需氧量、氨氮等污染物本身的纯质量。

废水（含渗滤液）主要污染物排放量　指调查年度内排放的废水（含渗滤液）中所含的化学需氧量、氨氮等污染物本身的纯质量。

废气主要污染物排放量　指调查年度内垃圾焚烧过程中排放到大气中的废气（包括处理过的、未经过处理的）中所含的二氧化硫、氮氧化物、颗粒物等的固态、气态污染物的纯质量。

8.7　危险废物（医疗废物）集中处理厂

危险废物集中处理厂　指提供社会化有偿服务，将工业企业、事业单位、第三产业或居民生活产生的危险废物集中起来进行焚烧、填埋等处置或综合利用的场所或单位。不包括企业内部自建自用且不提供社会化有偿服务的危险废物处理装置。

医疗废物集中处置厂　指将医疗废物集中起来进行处置的场所。不包括医院自建自用且不提供社会化有偿服务的医疗废物处理设施。但具有危险废物经营许可证的医院纳入调查。

累计完成投资　指至当年年末，调查对象建设实际完成的累计投资额，不包括运行费用。

新增固定资产　指调查年度内交付使用的固定资产价值。对于新建危险废物（医疗废物）集中处理厂，本年新增固定资产投资等于总投资；对于改建、扩建危险废物（医疗废物）集中处理厂，本年新增固定资产投资仅指调查年度内交付使用的改建、扩建部分的固定资产投资，属于累计完成投资的一部分。

运行费用　指调查年度内维持危险废物（医疗废物）集中处理厂正常运行所发生的费用。包括能源消耗、设备维修、人员工资、管理费及与危险废物（医疗废物）集中处理厂运行有关的其他费用等，不包括设备折旧费。

实际利用量 指调查对象调查年度内以综合利用方式处理的危险废物总质量。

废水（含渗滤液）污染物排放量 指调查年度内排放的废水（含渗滤液）中所含的化学需氧量、氨氮等污染物本身的纯质量。

废气主要污染物排放量 指调查年度内危险废物焚烧过程中排放到大气中二氧化硫、氮氧化物、颗粒物等的纯质量。